应用型人才培养系列教材

HTML5+CSS3 网页制作实践

主　编　李新荣

副主编　陈小海　邓　杰　谢绍敏

西安电子科技大学出版社

内 容 简 介

本书主要介绍 HTML5 和 CSS3 网页制作技术。全书共 12 章。第 1～3 章介绍网页制作技术基础知识；第 4 章介绍盒子模型的概念和应用，该模型是网页制作技术的核心和基础；第 5 章介绍链接与列表的应用；第 6 章介绍如何利用浮动与定位实现网页布局；第 7 章介绍表格与表单的应用；第 8 章介绍 CSS3 的选择器；第 9 章介绍 CSS3 的过渡、变形及动画技术；第 10 章介绍 CSS3 的弹性布局；第 11 章介绍多媒体与开放平台实用工具的应用；第 12 章介绍如何制作一个完整的网站首页，以达到整合 HTML5 和 CSS3 各方面内容与技巧的目的。各章均包含若干实验，每个实验都有详细的分析过程和清晰的制作过程，便于读者在实践中逐步掌握网页制作技术。

本书可作为大中专院校、培训学校的计算机及相关专业的实验实训教材，也可作为网页设计与制作、网站开发等相关人员的参考书。

图书在版编目(CIP)数据

HTML5＋CSS3 网页制作实践 / 李新荣主编. —西安：西安电子科技大学出版社，2022.5
ISBN 978–7–5606–6440–8

Ⅰ.①H⋯　Ⅱ.①李⋯　Ⅲ.①超文本标记语言—程序设计　②网页制作工具
Ⅳ. ① TP312　② TP393.092

中国版本图书馆 CIP 数据核字(2022)第 055604 号

策　　划　陈　婷
责任编辑　陈　婷
出版发行　西安电子科技大学出版社(西安市太白南路 2 号)
电　　话　(029)88202421　88201467　　　邮　　编　710071
网　　址　www.xduph.com　　　　　　　电子邮箱　xdupfxb001@163.com
经　　销　新华书店
印刷单位　咸阳华盛印刷有限责任公司
版　　次　2022 年 5 月第 1 版　　2022 年 5 月第 1 次印刷
开　　本　787 毫米×1092 毫米　1/16　印张 13.5
字　　数　316 千字
印　　数　1～3000 册
定　　价　35.00 元
ISBN 978–7–5606–6440–8 / TP
XDUP 6742001–1
*****如有印装问题可调换*****

前　　言

"网页设计与制作"是计算机相关专业的专业基础课程之一。HTML 与 CSS 是网页制作技术的核心基础，也是网页制作者必须掌握的基础知识，二者在网页制作中不可或缺。HTML5 是最新的 HTML 标准，CSS3 是 CSS 最新的版本，本书主要介绍 HTML5 和 CSS3 网页制作技术。只有通过实践才能扎实掌握网页制作技术，因此本书着重于实践指导。

⊠ 本书特色

- 以理论为基础，以实践为目标

本书每章内容均由知识点梳理、基础练习和动手实践三部分组成，前两个部分是理论，最后一个部分是基于理论的实践。这种安排能让读者在学习过程中，透彻理解知识点，而后通过基础练习巩固理论知识，最后再通过动手实践达到学以致用。

- 实验内容丰富、实用

书中每个实验都是作者精心挑选和设计的，是作者在实际开发中的经验凝结。实验给出了深入浅出的分析以及简明清晰的制作步骤。实验案例经典，能使学生举一反三，直接在实际项目中使用。每个实验具体内容大体包括如下五个要点：

(1) 考核知识点(知识点复习纲要)；

(2) 练习目标(实验目的)；

(3) 实验内容及要求(实验要求)；

(4) 实验分析(实现思路)；

(5) 实现步骤(制作步骤)。

- 图文并茂

实验分析不仅有文字描述，还有分析图示意，实现步骤中的每个阶段都有阶段性的效果图。

- 与时俱进

HTML5 是最新的 HTML 标准，CSS3 是 CSS 的最新版本，本书以 HTML5 和 CSS3 为平台介绍网页制作技术，书中案例都是以最新规范实现的。

⊠ 读者对象

本书可作为大中专院校、培训学校的计算机及相关专业的实验实训教材，也可供网页设计与制作、网站开发等从业人员参考。

本书由桂林电子科技大学李新荣主编，陈小海、邓杰、谢绍敏任副主编。由于信息技术的发展非常迅速，加之作者水平有限，书中不足之处在所难免，欢迎读者不吝指正。在阅读本书时，如发现问题可以通过电子邮件 (123990509@qq.com)与编者联系。

编　者

2022 年 2 月

目　　录

第 1 章　网页制作基础

1.1　知 识 点 梳 理

1. Web

Web 对于网站制作人员来说，是一系列技术(包括网站的前台布局、后台程序、美工、数据库开发等技术)的总称。

2. Web 标准

1) 结构标准

结构用于对网页元素进行整理和分类，主要包括以下两个部分：

(1) XML(eXtensible Markup Language，可扩展标记语言)，其设计的最初的目的是弥补 HTML 的不足，它具有强大的扩展性，可用于数据的转换和描述。

(2) XHTML(eXtensible HyperText Markup Language，可扩展超文本标识语言)是基于 XML 的标识语言，是在 HTML4.0 的基础上，用 XML 的规则对其进行扩展建立起来的，它实现了 HTML 向 XML 的过渡。

2) 表现标准

表现用于设置网页元素的版式、颜色、大小等外观样式，主要指的是 CSS(Cascading Style Sheet，层叠样式表)，CSS 标准建立的目的是以 CSS 为基础进行网页布局，控制网页的表现。CSS 布局与 XHTML 结构语言相结合，可以实现表现与结构的分离，使网站的访问及维护更加容易。

3) 行为标准

行为标准主要包括对象模型、ECMAScript 等，JavaScript 遵循 ECMAScript 标准。

JavaScript 是 Web 页面中的一种脚本语言，通过 JavaScript 可以将静态页面转变成支持用户交互并响应相应事件的动态页面。

3. 网页编辑器

在网页开发的过程中，选择一款顺手好用的编辑器可以事半功倍。网页编辑器众多，各有优点，本章介绍 Dreamweaver 和 Visual Studio Code(以下简称 VSCode)两款编辑器供选用。

1.2　基 础 练 习

1. Web 标准是一系列标准的集合，主要包括结构、_____和_____。

2. 在 Web 标准中，结构标准用于对网页元素进行整理和分类，主要包括 XML 和_____两个部分。

3. Visual Studio Code 编辑器的优势是_____、_____、_____。

4. VSCode 提供了_____扩展功能，用户可根据需要自行下载安装。

5. VSCode 编辑器可以_____支持 Mac、Windows 以及 Linux。

1.3 动手实践

1.3.1 实验 1 Dreamweaver 初始化设置

1. 考核知识点

工作区设置、代码提示设置、浏览器设置。

2. 练习目标

掌握 Dreamweaver 的基本设置操作。

3. 实验内容及要求

(1) 把界面颜色主题设为"白色"。

(2) 把工作区布局设置为"标准"布局。

(3) 设置代码提示功能。

(4) 设置主浏览器为谷歌浏览器(Google Chrome)。

4. 实验步骤

(1) 打开 Dreamweaver，进入 Dreamweaver 界面。

(2) 把界面的颜色主题设为"白色"。设置步骤为：选择菜单栏中的"编辑"→"首选项"命令，打开"首选项"对话框，如图 1-1 所示，在"分类"列表中点击"界面"，然后选择界面的颜色主题为白色，单击"应用"按钮。

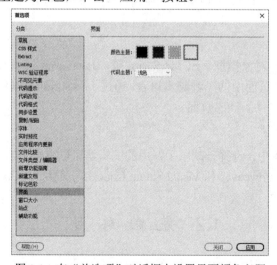

图 1-1 在"首选项"对话框中设置界面颜色主题

（3）把工作区布局设置为"标准"布局。设置步骤为：选择菜单栏"窗口"→"工作区布局"→"标准"，此时窗口如图 1-2 所示。

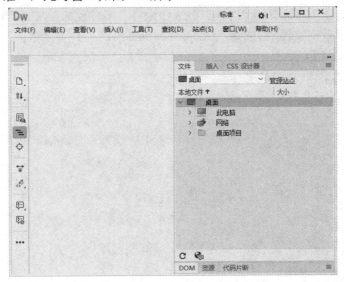

图 1-2　Dreamweaver 标准工作区布局

（4）设置代码提示功能。Dreamweaver 有代码提示功能，可以提高代码书写的速度。设置步骤如下：

① 选择菜单栏中的"编辑"→"首选项"命令，打开"首选项"对话框。

② 在"首选项"对话框的"分类"列表中选择"代码提示"，在"结束标签"中选择第二项，最后勾选"选项"中的"启用代码提示"，如图 1-3 所示。

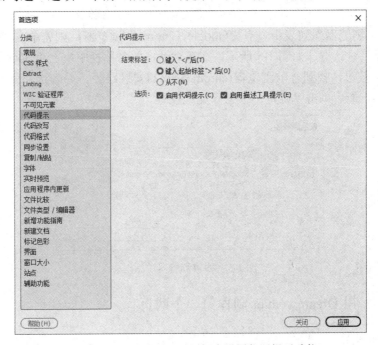

图 1-3　在"首选项"对话框中设置代码提示功能

(5) 设置主浏览器为谷歌浏览器(Google Chrome)。设置步骤如下：

① 选择菜单栏中的"编辑"→"首选项"命令，打开"首选项"对话框。

② 在"首选项"对话框的"分类"列表中选择"实时预览"，在右侧的"浏览器"列表中，如果已有谷歌浏览器，则选择"Google Chrome F12"，并将"默认"选项勾选为"主浏览器"，如图 1-4 所示。

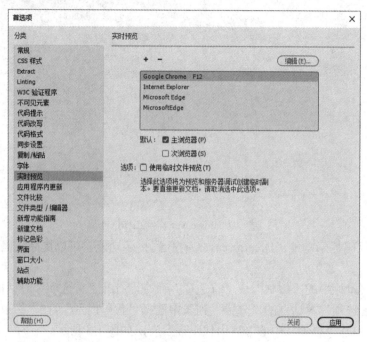

图 1-4　在"首选项"对话框中设置主浏览器

③ 如果"浏览器"列表中没有"Google Chrome"浏览器，则先单击"+"按钮打开"编辑浏览器"对话框，如图 1-5 所示，在该对话框的名称栏中填上"Google Chrome"，单击"浏览"按钮，找到谷歌浏览器(chrome.exe)的安装路径，并勾选"默认"选项中的"主浏览器"。最后单击"确定"按钮，完成设置。

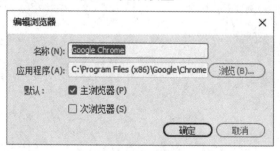

图 1-5　编辑浏览器对话框

1.3.2　实验 2　用 Dreamweaver 制作第一个网页

1. 考核知识点

使用 Dreamweaver 创建网页。

2. 练习目标

能使用 Dreamweaver 创建一个包含 HTML 结构和 CSS 样式的简单网页。

3. 实验内容及要求

请做出如图 1-6 所示的效果，并在 Chrome 浏览器中测试。

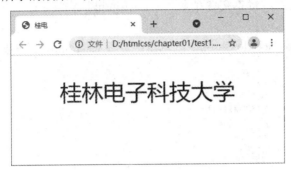

图 1-6　实验 2 效果图

要求：在代码视图中完成。

4. 实验步骤

(1) 打开 Dreamweaver，选择菜单栏中的"文件"→"新建"命令，打开"新建文档"对话框。

在对话框左侧选择"空白页"，并在文档类型中选择"HTML5"。最后，单击"创建"按钮，进入文档编辑界面。

(2) 单击"文档"工具栏上的"代码"按钮，切换到"代码"视图，这时在文档窗口中会出现 Dreamweaver 自动生成的代码，如图 1-7 所示。

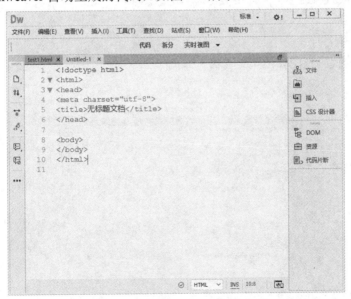

图 1-7　新建 HTML 文档代码视图窗口

(3) 在代码的第 5 行，<title>与</title>标签对之间，输入 HTML 文档的标题，这里将其设置为"桂电"。

（4）在<body>与</body>标签对之间添加网页的主体内容，如下所示：

```
<p>桂林电子科技大学</p>
```

至此，就完成了网页的结构部分，即 HTML 代码的编写。

（5）选择菜单栏中的"文件"→"保存"命令，在对话框中选择文件的保存地址并输入文件名即可保存文件。将本文件命名为"test1.html"，保存在"D:\htmlcss\chapter01"文件夹下。

（6）按 F12 键，在 Google Chrome 浏览器中运行 test1.htm，效果如图 1-8 所示。

图 1-8　页面结构效果图

（7）编写 CSS 代码。在<head>与</head>标签对中添加 CSS 样式，CSS 样式需要写在<style>与</style>标签对之间，具体代码如下：

```
<style type="text/css">
p{
    font-size:40px;          /*设置字号为 40 像素*/
    color:blue;              /*设置字体颜色为蓝色*/
    text-align:center;       /*设置文本居中显示*/
}
</style>
```

test1.html 的代码视图如图 1-9 所示。

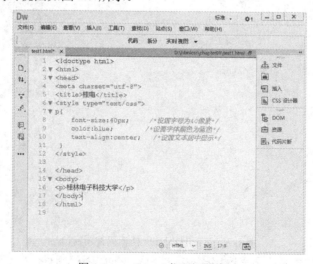

图 1-9　test1.html 代码视图窗口

最后保存代码，并在浏览器中预览，效果如图 1-10 所示。

图 1-10　CSS 修饰后的页面效果

1.3.3　实验 3　下载及安装 VSCode

1．考核知识点

下载及安装 VSCode、初识 VSCode 的工作界面。

2．练习目标

(1) 成功下载及安装 VSCode。

(2) 认识 VSCode 的工作界面。

3．实验内容及要求

(1) 下载及安装 VSCode。

(2) 打开 VSCode，初识 VSCode 的工作界面。

4．实验步骤

(1) 下载 VSCode。登录 VSCode 官方网站 https://code.visualstudio.com/下载 VSCode 安装文件。官方网站提供不同操作系统下不同版本的安装文件，包括 Stable(稳定的发行版本)与 Insiders(最新的测试版本)两个版本，如图 1-11 所示。用户可根据自己的计算机选择相应操作系统及版本下载 VSCode。本实验以下载 Stable(稳定的发行版本)Windows 64 位安装文件为例，下载安装文件"VSCodeUserSetup-x64-1.61.1.exe"。

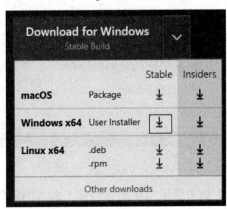

图 1-11　VSCode 下载界面

(2)安装 VSCode。双击刚下载的"VSCodeUserSetup-x64-1.61.1.exe"文件，运行安装向导，如图 1-12 所示。

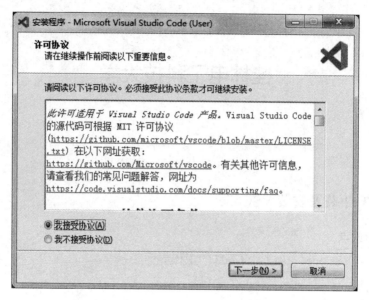

图 1-12　VSCode 安装界面

根据安装向导提示完成安装。

(3) 认识 VSCode 的界面。打开 VSCode，进入 VSCode 界面。界面主要分为 6 个区域，分别是菜单栏、活动栏、侧边栏、编辑栏、面板栏、状态栏，各区域如图 1-13 所示。

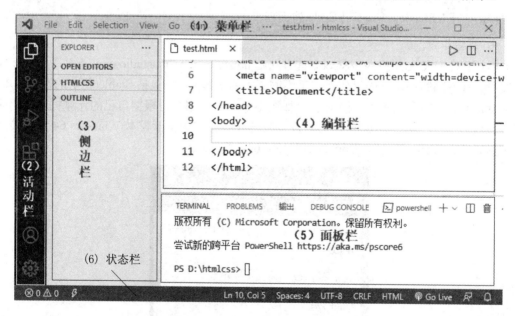

图 1-13　VSCode 界面

① 活动栏。活动栏从上到下依次为资源管理器、源代码管理器、调试和运行、扩展、账户、管理图标，如图 1-14 所示。

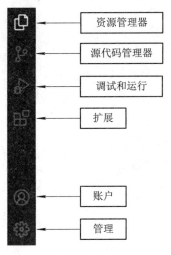

图 1-14　活动栏

② 侧边栏。单击活动栏上的文件资源管理器、源代码管理器、调试和运行、扩展图标，相应功能操作界面都在侧边栏中打开。

例如单击活动栏的"资源管理器"按钮，可以在侧边栏中打开资源管理器。资源管理器用来浏览、打开和管理项目内的所有文件和文件夹。打开文件夹后，文件夹内的内容会显示在资源管理器中，在资源管理器中可以创建、删除、复制、重命名文件和文件夹，可以通过拖拽移动文件和文件夹，如从 VSCode 之外拖拽文件到资源管理器，则将该文件拷贝到当前文件夹下。

③ 状态栏。状态栏显示当前正在编辑的文件的信息，在状态栏的最左侧单击 ⊗0△0 区域可以开关"面板栏"，状态栏的右侧显示了当前光标所在位置、tab 缩进字符等信息，状态栏如图 1-15 所示。

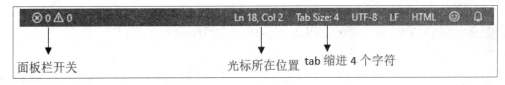

图 1-15　状态栏

1.3.4　实验 4　VSCode 插件的获取及安装

1. 考核知识点

VSCode 插件的获取及安装。

2. 练习目标

(1) 掌握 VSCode 插件的获取及安装的操作。

(2) 安装编辑网页的常用插件。

3. 实验内容及要求

(1) 汉化 VSCode。

(2) 设置主浏览器为 Google Chrome 浏览器。

(3) 安装编辑网页的常用插件。

4. 实验步骤

(1) 打开 VSCode，进入 VSCode 界面。

(2) 汉化 VSCode。

首先安装 VSCode 的汉化插件，其操作步骤如下：

① 单击活动栏中的第 4 个图标 ，在侧边栏中打开插件管理器。

② 在插件搜索框中输入"language"，按回车键查找。

③ 在插件搜索框下的列表中，单击中文简体插件，在侧边栏的右侧编辑栏区域显示该插件的相关信息。

④ 单击"install"进行安装。

安装操作如图 1-16 所示。

图 1-16　插件安装步骤

安装完成后"install"变成"Uninstall"，单击"Uninstall"会卸载插件。汉化插件安装完成后会在窗口的右下角弹出一个对话框，如图 1-17 所示，显示重启 VSCode 进入中文界面，单击"Restart Now"按钮，重启 VSCode 进入中文界面。

图 1-17　重启 VSCode 对话框

(3) 设置默认浏览器为谷歌浏览器(Google Chrome)。

① 安装 open in browser 插件。open in browser 是 VScode 的常用插件，它的作用是可

将已编辑的 HTML 文件等用浏览器打开，查看网页效果的插件。安装该插件的操作步骤如下：

　　·单击活动栏中的第 4 个按钮图标 ，在侧边栏中打开插件管理器。

　　·在插件搜索框中输入"open in browser"，单击回车查找。

　　·在插件搜索框下面的列表中，找到"open in browser"插件，单击该插件，在侧边栏右侧的编辑栏区域显示该插件的相关信息。

　　·单击"install"按钮进行安装。

　　② 设置默认浏览器为谷歌浏览器(Google Chrome)。单击 Vscode 左下角的活动栏上的"管理"图标，在弹出的菜单中选择"设置"，打开"设置"界面，在搜索框中输入"open in"，单击"扩展"列表下的"plugin open -in-browser"选项，就会出现设置默认浏览器的输入框，在该输入框中输入"Google Chrome"即可。操作步骤如图 1-18 所示。

图 1-18　设置默认浏览器为谷歌浏览器(Google Chrome)

　　(4) 安装编辑网页常用的其它插件。依据上述两个插件的安装步骤，可以安装 HTML CSS Support、HTML Preview、IntelliSense for CSS class names in HTML 等插件。

1.3.5　实验 5　用 VSCode 制作第一个网页

1. 考核知识点

使用 VSCode 创建网页、预览网页。

2. 练习目标

(1) 掌握 VSCode 的资源管理器操作。

(2) 能够使用已安装的查看网页效果的插件来预览网页。

3. 实验内容及要求

(1) 创建及编辑一个网页。

(2) 使用 HTML Preview 预览网页。

(3) 使用 open in browser 预览网页。

4. 实验步骤

(1) 在操作系统的文件资源管理器中创建文件夹。在"D:"盘下创建"htmlcss"文件夹。

(2) 在 VSCode 中打开文件夹"D:\htmlcss"。打开 VSCode，进入 VSCode 的界面，单击"文件"菜单，在弹出的菜单中单击"打开文件夹"命令，打开文件夹对话框，找到"D:"盘下"htmlcss"文件夹，单击"选择文件夹"按钮，在 VSCode 的资源管理器中打开该文件夹，如图 1-18 所示。

(3) 在 VSCode 中创建"chapter01"文件夹，创建"test.html"文件。在资源管理器中有 4 个按钮，依次是新建文件、新建文件夹、刷新资源管理器、在资源管理器中折叠文件夹。单击"新建文件夹"按钮，创建"chapter01"文件夹，单击"新建文件"按钮，创建"test.html"文件，如图 1-19 所示。

图 1-19　VSCode 的资源管理器

(4) 编辑"test.html"内容。

在资源管理器中单击"test.html"文件，在右侧的编辑栏中编辑。按"！"按钮回车，会自动生成网页结构代码。修改代码的第 7 行<title>与</title>标签对之间的内容为"桂电"。在<body>与</body>标签对之间添加网页的主体内容，在此输入<p>桂林电子科技大学</p>。具体的"test.html"内容如下：

```
<!DOCTYPE html>
<html lang="en">
<head>
    <meta charset="UTF-8">
    <meta http-equiv="X-UA-Compatible" content="IE=edge">
    <meta name="viewport" content="width=device-width, initial-scale=1.0">
    <title>Document</title>
</head>
```

```
<body>
    <p>桂林电子科技大学</p>
</body>
</html>
```

(5) 预览"test.html"。在资源管理器中右击"test.html"，在弹出的菜单中选择"Open Preview"，在 VSCode 窗口中打开一个窗口显示网页效果。在资源管理器中，右击"test.html"，在弹出的菜单中选择"Open in default Browser"，在默认浏览器(Google Chrome 浏览器)中显示网页效果。

第 2 章　HTML 入门

2.1　知识点梳理

1. 基本名词

(1) HTML：超文本标记语言。

(2) 标记：有"<"起始标记和">"结束标记。

(3) 标签：所有标签都包含在起止标记和结束标记中，例如<html>。

(4) 标签对：包含开始标签与结束标签，例如<html></html>。

(5) 单标签：直接在后面加斜杠表示结束的标签叫作单标签，例如<meta charset="utf-8"/>。

(6) 元素：从开始标签到结束标签中包含的所有代码，例如<p> hello world</p>。

(7) 元素属性：为 HTML 元素提供附加信息，属性总是在开始标签中定义。例如，在超链接标签<a href = "http://www.baidu.com">百度</a>使用了 href 属性来指定超链接的地址。属性总是以"名称="值""的形式出现，如例中"href = "http://www.baidu.com""。元素可以有多个属性；属性之间不分先后顺序；标签名与属性、属性与属性之间均以空格分开；属性都有默认值，省略该属性则取默认值。

2. HTML 基本语法

(1) 所有标签都包含在"<"和">"起止标记和结束标记中。

(2) 要求所有的标签必须关闭，即是成对出现的；所有没有成对的空标签必须以"/>"结尾。

(3) 所有的标签和元素都应该嵌套在<html>根元素中，其中的子元素也必须是成对地嵌套在父元素中。

(4) 所有标签及属性名称都使用小写。

(5) 一般的属性值可以加引号也可以不加引号。

属性值不加引号<img src=bg.gif width=140 height=30 alt=text />。

属性值加引号<img src="bg.gif" width="140" height="30" alt="text" />。

3. HTML 文档基本结构

HTML 文档一般都应包含两部分：部头区域和主体区域，由<html>、<head>、<body>三个标签负责组织。文档基本结构如下：

```
<!DOCTYPE>
<html>
<head>
    <!--头部信息，定义网页相关的信息，此处定义的内容不在浏览器中显示-->
</head>
<body>
    <!--主体信息，包含网页显示的内容-->
</body>
</html>
```

在开头处使用<!DOCTYPE>声明，浏览器才能将该网页作为有效的 HTML 文档，并按指定的文档类型进行解析。

4. 设置页面标题标签

在浏览器窗口的标题栏中显示的标题，是用<title>标签定义的，其基本语法格式如下：

```
<title>网页标题名称</title>
```

<title>标签要在<head></head>标签之内定义。

5. 文本标签

(1) 标题标签。网页中的标题与文章中的标题的性质是一样的，HTML 提供了 6 个等级的标题标签，分别是<h1>、<h2>、<h3>、<h4>、<h5>和<h6>，从<h1>到<h6>层次递减。标题标签的基本语法格式如下：

```
<hn align="对齐方式">标题文本</hn>
```

该语法格式中 n 的取值为 1 到 6，align 属性为可选属性，用于指定标题的对齐方式。

(2) 段落标签。一个网页也可以分为若干个段落，段落的标签为<p>。其基本语法格式如下：

```
<p align="对齐方式">段落文本</p>
```

该语法格式中 align 属性为<p>标签的可选属性，用于设置段落文本的对齐方式。

(3) 强调文本标签。<strong>、<em>标签都表示强调，<strong>比<em>更强烈。<strong>表现为加粗样式，<em>表现为倾斜样式,它们的基本语法格式如下：

```
<strong>强调的内容</strong>
<em>强调的内容</em>
```

(4) 换行标签。在 HTML 文档流中，一个段落中的文字是从左到右依次排列的，直到浏览器窗口的右端，然后自动换行。如果需要某段文本强行换行显示，就需要使用换行标签
,
是单标签。

6. 水平线标签

为使得文档结构清晰、层次分明，可以在网页中设置水平线。水平线用<hr/>单标签设置，其基本语法格式如下：

```
<hr 属性="属性值" />
```

<hr/>标签有几个常用的属性，如表 2-1 所示。

表 2-1　<hr/>标签常用属性

属性名	含　义	属 性 值
width	设置水平线的宽度	可以是像素值也可以是百分比，百分比是浏览器窗口的百分比，默认为 100%
align	设置水平线的对齐方式	有 left、right、center 三种可选值，默认为 center 居中对齐
size	设置水平线的粗细	以像素为单位，默认为 2 像素
color	设置水平线的颜色	可用颜色名称、十六进制#RGB、rgb(r,g,b)这三种类型值

7. 图片标签

在网页中显示图片需要使用图片标签<img />，其基本语法格式如下：

```
<img src="图片 URL" />
```

该语法格式中 src 属性用于指定图片文件的路径和文件名，它是<img>标签的必需属性。

img 图片元素属性及属性取值如表 2-2 所示。

表 2-2　img 图片元素属性及属性取值

属性	属性值	描　述
src	URL	图片的路径(路径用相对路径)
alt	文本	图片不能显示时的替换文本
title	文本	鼠标悬停在图片上时显示的提示信息
width	像素或百分比	设置图片的宽度
height	像素或百分比	设置图片的高度
border	数字	设置图片边框的宽度
vspace	像素	设置图片顶部和底部的空白大小(垂直边距)
hspace	像素	设置图片左侧和右侧的空白大小(水平边距)
align	left	将图片对齐到左边
	right	将图片对齐到右边
	top	将图片的顶端和文本的第一行文字对齐，其他文字居图片下方
	middle	将图片的水平中线和文本的第一行文字对齐，其他文字居图片下方
	bottom	将图片的底部和文本的第一行文字对齐，其他文字居图片下方

8. 列表标签

(1) <ul>无序列表标签。<ul>无序列表元素，表示并列关系的信息列表，各个列表项之间没有顺序级别之分，其基本语法格式如下：

```
<ul>
    <li>列表项 1</li>
    <li>列表项 2</li>
    <li>列表项 3</li>
    ……
</ul>
```

(2) <ol>有序列表标签。<ol>有序列表元素，表示顺序关系的信息列表，各个列表项会按照一定的顺序排列，其基本语法格式如下：

```
<ol>
    <li>列表项 1</li>
    <li>列表项 2</li>
    <li>列表项 3</li>
    ……
</ol>
```

9. 特殊字符

网页上有时也会使用一些特殊的字符文本，如"<""">"等，HTML 为这些特殊字符准备了专门的替代代码，常用的特殊符号及替代代码如下表 2-3 所示。

表 2-3　常用的特殊符号及替代代码

特殊字符	含义	字符的代码
	空格符	半角空格符； 全角空格。 相当于半个中文字符的宽度， 相当于一个中文字符宽度
<	小于号	&lt;
>	大于号	&gt;
&	和号	&amp;
￥	人民币	&yen;
©	版权	&copy;
®	注册商标	&reg;
°	摄氏度	&deg;

10. 注释标记

在 HTML 文档中添加一些便于阅读和理解但又不需要显示在页面中的注释文字，就需要使用注释标记，其基本语法格式如下：

```
<!-- 注释语句 -->
```

11. HTML5 结构元素

HTML5 定义了一种新的语义化标签来描述元素的内容，语义化的结构标签如表 2-4 所示。

表 2-4　语义化的结构标签

标签名	描　　述
<header>	表示页面中一个内容区块或整个页面的标题。一个网页可以有多个<header>元素
<section>	对内容进行分块，一个<section>元素通常由内容和标题组成，没有标题的内容区域块不用<section>元素。若<article>元素、<aside>元素或<nav>元素更符合使用条件，则不用<section>元素。不要将<section>元素用作设置样式的页面容器
<article>	表示页面中一块与上下文不相关的独立内容，比如一篇文章。<article>元素常使用多个<section>元素划分。一个页面中<article>元素可以出现多次
<aside>	表示<article>标签素内容之外的、与<article>标签内容相关的辅助信息。可用作文章的侧栏
<nav>	表示页面中导航链接的部分。一个网页可以有多个<nav>元素
<footer>	表示整个页面或页面中一个内容区块的脚注。一般来说，它会包含创作者的姓名、创作日期以及创作者的联系信息。一个网页可以包含多个<footer>元素

12. HTML5 分组元素

用语义化的分组标签，对页面中的内容进行分组，语义化的分组标签如表 2-5 所示。

表 2-5　语义化的分组标签

标签名	描　　述
<figure>	表示一段独立的流内容(图像、图表、照片、代码等)，一般表示文档主体流内容中的一个独立单元。<figure>元素的内容应与主题相关，若被删除，也不会对文档流有影响
<figcaption>	定义<figure>标签的标题。一个<figure>元素仅允许有一个<figacption>元素，该元素放在<figure>元素的第一个或最后一个子元素的位置
<hgroup>	表示对整个页面或页面中的一个内容区块的标题进行组合。如果只有一个标题时不建议使用，标题包含副标题、<section>或<article>元素时，建议将<hgroup>和标题相关元素放到<header>元素中

13. HTML5 页面交互元素

HTML5 为页面提供了交互操作，具有交互操作的元素标签如表 2-6 所示。

表 2-6　交 互 标 签

标签名	描　　述
<details>	用于描述文档或文档某部分的细节
<summary>	作为<details>的第一个子元素，用于定义标题。当点击标题时，会显示或隐藏<details>中的内容
<progress>	用于定义一个正在完成的进度条。常用属性有 value(已完成的进度值)和 max(最大值)，value 和 max 属性的值必须大于 0，且 value 的值要小于或等于 max 属性的值
<meter>	用于指定范围数据。<meter>元素常用属性有：high，low，max，min，optimum，value。其中 high 表示定义度量的值位于哪个点被认为是高的值；low 表示定义度量的值位于哪个点被认为是低的值；max 表示最大值，默认值为 1；min 表示最小值，默认值是 0；optimum 表示是最佳的度量值；value 表示当前值

14. HTML 文本层次语义元素

为使文本内容更加形象生动，突显文本之间的层次关系，HTML5 提供文本层次语义化标签，文本层次语义化标签如表 2-7 所示。

表 2-7　文本层次语义化标签

标签名	描　　述
<time>	用于定义时间或日期，不会在浏览器中呈现任何特殊效果，该元素能以机器可读的方式对日期和时间进行编码。<time>元素的常用属性有 datetime 和 pubdate，其中 datetime 取值为具体时间或具体日期，日期与时间之间需要用 T 文字分隔，T 表示时间，例：<time datetime="2011-11-11T00:00">双十一</time>；pubdate 是定义<time>元素的日期和时间是否是文档的发布日期，取值为布尔值(true,false)
<mark>	在文本中高亮显示某些字符，以引起用户注意
< cite>	创建一个引用标记，对参考文献的引用说明，显示效果为斜体

2.2　基础练习

1. 用于定义网页相关的信息的标签是＿＿＿＿＿＿＿＿＿。

2. 用于定义 HTML 文档所要显示内容的标签是＿＿＿＿＿＿＿＿＿。

3. 段落标签<p>和标题标签<h1>～<h6>一样，同样可以使用 align 属性设置段落文本的对齐方式。align 属性的取值有：左对齐＿＿＿＿、居中＿＿＿＿、右对齐＿＿＿＿。

4. 网页中常常用到一些包含特殊字符的文本，如"空格""版权所有"等。"空格""版权所有"的替代代码分别是：＿＿＿＿、＿＿＿＿。"小于号""大于号"的替代代码分别是：＿＿＿＿、＿＿＿＿。

5. 在<img src="图片 URL"/>语法中，src 属性用于指定图片文件的路径和文件名，它是<img>标签的必需属性。还有常用图片的宽度属性＿＿＿＿，高度属性＿＿＿＿，图片的替换文本属性＿＿＿＿，图片的边框属性＿＿＿＿，设置图片顶部和底部的空白(垂直边距)属性＿＿＿＿，设置图片左侧和右侧的空白(水平边距)属性＿＿＿＿，图片的对齐方式＿＿＿＿等。

6. <p>元素内容</p>是一个＿＿＿＿标签，
和<hr/>是＿＿＿＿标签。

7. <p><strong>一个段落中的粗体字</p></strong>标签嵌套是否正确。

8. 在 HTML 标签中，属性不分先后顺序，标签名与属性、属性与属性之间均以＿＿＿＿分开。

2.3　动手实践

2.3.1　实验 1 HTML 元素和属性

1. 考核知识点

HTML 文档基本格式、HTML 标签、标签的属性、特殊字符录入。

2. 练习目标

(1) 初步了解 HTML 文档基本格式。

(2) 理解标记的属性。

(3) 熟练掌握<h1>到<h6>标签的使用。

(4) 掌握<hr/>标签及其属性的应用。

(5) 掌握常用特殊字符的使用。

(6) 能够运用 HTML 文档基本格式制作简单的页面。

3. 实验内容及要求

请做出如图 2-1 所示的效果，并在 Chrome 浏览器中测试。

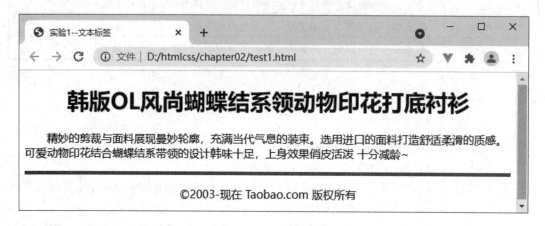

图 2-1　实验 1 效果图

要求：

(1) 标题字号比正文字号要大。

(2) 正文前面留两个汉字的空白。

(3) 标题和最后一行在页面居中显示。

(4) 版权信息和正文中间加一条绿色的较粗的水平线。

4. 实验分析

此页面由标题、段落和水平线组成。标题用标签<h1>，段落用标签<p>，水平线用标签<hr/>，段落前的两个汉字的空白可以用特殊字符的替代代码 " "，"@" 用特殊字符的替代代码 "©"。

5. 实现步骤

(1) 新建 HTML 文档，并保存为 "test1.html"。

(2) 制作页面结构。

根据上面的实验分析，使用相应的 HTML 标签来搭建网页结构。代码如下：

```
<!DOCTYPE html>

1 <head>

2 <title>实验 1--文本标签</title>

3 </head>
```

```
4 <body>
5 <h1>韩版 OL 风尚蝴蝶结系带领衬衣动物印花打底衬衫</h1>
6  <p>  精妙的剪裁与面料展现曼妙轮廓，充满当代气息的装束。选用进口的面料打
造舒适柔滑的质感。可爱动物印花结合蝴蝶结系带领的设计韩味十足，上身效果俏皮活泼 十分减龄~</p>
7 <hr/>
8 <p> &copy;2003-现在  Taobao.com 版权所有</p>
9 </body>
   </html>
```

保存代码后，在浏览器中预览，效果如图 2-2 所示。

图 2-2　页面结构制作效果图

(3) 设置格式。

① 设置标题居中，在代码行号为 5 的<h1>标签中添加属性 align，并设置为居中值 center。代码修改后如下：

```
5 <h1 align="center">韩版 OL 风尚蝴蝶结系领动物印花打底衬衫</h1>
```

② 设置横线的颜色及粗细，在代码行号为 7 的<hr>标签中添加颜色属性 color 及精细属性 size，并设置其值。代码修改后如下：

```
7 <hr color="green"  size="5"/>
```

③ 设置最后一行居中，在代码行号为 8 的<p>标签中添加属性 align，并设置为居中值 center。代码修改后如下：

```
8 <p align="center">&copy;2003-现在  Taobao.com  版权所有</p>
```

保存代码后，在浏览器中预览，效果如图 2-1 所示。

2.3.2　实验 2　图文混排

1. 考核知识点

图片<img/>标签。

2. 练习目标

(1) 熟练掌握图片<img/>标签的应用。

(2) 熟练掌握文本标签的应用。

(3) 掌握文本标签和图片标签的混合应用。

3. 实验内容及要求

请做出如图 2-3 所示的效果，并在 Chrome 浏览器中测试。

图 2-3　实验 2 效果图

要求：

(1) 第一张图片下面有两个段落；第二张图片设置对齐属性参照效果图完成图文混排效果；给每张图片加边框。

(2) 两个不同的图文混排用一条水平线隔开，使层次效果更明显。

4. 实验分析

此页面由标题、图片、段落和水平线组成。标题用标签<h1>，段落用标签<p>，水平线用标签<hr/>，图片用标签<img/>来构建页面结构，设置文本格式，图片属性即可完成。

5. 实现步骤

(1) 新建 HTML 文档，并保存为"test2.html"。

(2) 制作页面结构。

```
1 <!DOCTYPE html>
2 <head>
3 <title>实验 2-图文混排</title>
```

```
4 </head>
5 <body>
6 <h1>保暖设计</h1>
7 <img src="img/yong.png"/>
8 <p>含绒量：90%鸭绒</p>
9 <p>绒朵大，轻盈蓬松，羽绒球状纤维密布，更多三角形小气孔，调温功能更加卓越。绒朵
大本身就极难钻绒，轻柔的质感给你更舒适的穿着体验。</p>
10 <hr/>
11 <img src="img/kou.png"/>
12 <h1>时尚珍珠扣</h1>
13 <p>像糖果一样明亮甜蜜可爱</p>
14 </body>
15 </html>
```

保存代码后，在浏览器中预览，效果如图 2-4 所示。

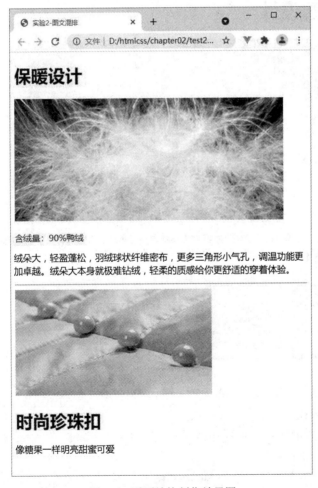

图 2-4　页面结构制作效果图

(3) 设置图片属性。

① 设置第一张图的宽度 width 为 500，边框粗细 border 为 2。修改代码行号 7 中的代码如下：

```
7 <img src="img/yong.png" width="500" border="2"/>
```

② 设置第二张图的宽度 width 为 200、边框粗细 border 为 2、对齐 align 为左对齐、水平边距 hspace 为 20、垂直边距 vspace 为 10、替换文本 alt 为"时尚珍珠扣"，修改代码行号 11 中的代码如下：

```
11 <img src="img/kou.png" width="200" border="2" align="left" hspace="20" vspace="10" alt="时尚珍珠扣"/>
```

保存代码后，在浏览器中预览，效果如图 2-5 所示。

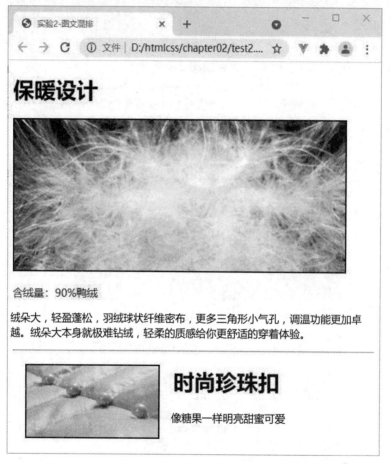

图 2-5　图片设置效果图

(4) 设置文本格式。

设置加粗突出显示文本，把要加粗显示的文本用<strong></strong>标签对包起来，修改代码行号 8 中的代码如下：

```
8 <p><strong>含绒量：90%鸭绒</strong></p>
```

保存代码后，在浏览器中预览，效果如图 2-3 所示。

2.3.3　实验 3　淘宝宝贝展示

1. 考核知识点

HTML 标签。

2. 练习目标

(1) 熟练掌握图片<img/>标签的应用。

(2) 熟练掌握文本标签的应用。

(3) 掌握文本标签和图片标签的混合应用。

3. 实验内容及要求

请做出如图 2-6 所示的效果，并在 Chrome 浏览器中测试。

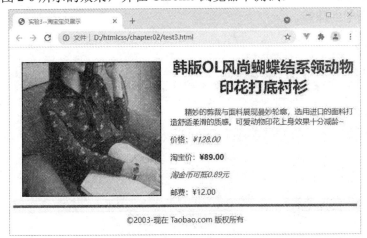

图 2-6　实验 3 效果图

要求：此效果是实验 1、实验 2 的综合，不再详述。

4. 实验分析

此效果是实验 1、实验 2 的综合，不再详述。

5. 实现代码如下：

```
1 <!DOCTYPE html >
2 <head>
3 <title>实验 3--淘宝宝贝展示</title>
4 </head>
5 <body>
6 <img src="img/shirt.png" width="300" height="280"    border="2" align="left" hspace="20"
vspace="10" alt="A 哆啦衬衫"/>
7 <h1 align="center">韩版 OL 风尚蝴蝶结系领动物印花打底衬衫</h1>
8 <p>  精妙的剪裁与面料展现曼妙轮廓，选用进口的面料打造舒适柔滑的质感。
可爱动物印花上身效果十分减龄~</p>
9 <p>价格：<em></del>&yen;128.00</em> </p>
```

```
10 <p>淘宝价：<strong>&yen;89.00</strong></p>
11 <p><i>淘金币可抵 0.89 元</i></p>
12 <p>邮费：&yen;12.00</p>
13 <hr color="green"  size="5"/>
14 <p align="center">&copy;2003-现在 Taobao.com 版权所有</p>
15 </body>
16 </html>
```

2.3.4　实验 4　标签综合练习(月记文案)

1. 考核知识点

综合应用所学的标签。

2. 练习目标

(1) 掌握列表标签的使用。

(2) 掌握结构、分组、页面交互和文本层次语义标签的使用。

3. 实验内容及要求

请做出如图 2-7 所示的效果，并在 Chrome 浏览器中测试。

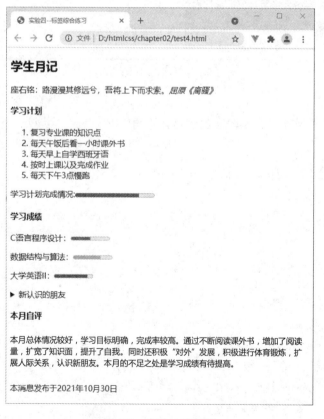

图 2-7　实验 4 效果图

要求：

(1) 运用结构元素、分组元素、页面交互元素和文本层次语义元素定义内容。

(2) 引用名言名句要使用引用标记。

(3) 学习计划是有序的列出。

(4) 计划完成 80%，用进度条表示。

(5) 点击"新认识的朋友"会展开或隐藏朋友列表。

(6) 总结内容的"总体情况较好""完成率较高"要呈现高亮效果。

(7) 发布日期使用<time>标签。

4. 实验分析

整体<article>中包含一个头部<header>、一个主体部分<article>以及一个<footer>底部脚注。主体部分包含四分块<section>。

5. 实现步骤

(1) 新建 HTML 文档，并保存为"test4.html"。

(2) 制作页面结构。根据上面的实验分析，使用相应的 HTML 标签来搭建网页结构。代码如下所示：

```html
<!DOCTYPE html>
<html>
<head>
    <title>实验四--标签综合练习</title>
</head>
<body>
    <article class="all">
        <header>
            <h2>学生月记</h2>
            <p>座右铭：路漫漫其修远兮，吾将上下而求索。<cite>屈原《离骚》</cite></p>
        </header>
        <article>
        <section>
            <h4>学习计划</h4>
            <ol>
                <li>复习专业课的知识点</li>
                <li>每天午饭后看一小时课外书</li>
                <li>每天早上自学西班牙语</li>
                <li>按时上课以及完成作业</li>
                <li>每天下午 3 点慢跑</li>
            </ol>
            <p>学习计划完成情况:<progress max="100" value="80"></progress></p>
        </section>
```

```
<section>
    <h4>学习成绩</h4>
    <p>C 语言程序设计：<meter value="50" max="100" min="0" high="80" low="60"
title="50 分" optimum="90"></meter></p>
    <p>数据结构与算法：<meter value="70" max="100" min="0" high="80" low="60"
title="70 分" optimum="90"></meter></p>
    <p>大学英语Ⅱ：<meter value="85" max="100" min="0" high="80" low="60"
title="85 分" optimum="90"></meter></p>
</section>
<section>
    <details>
        <summary>新认识的朋友</summary>
        <ul>
            <li>张三</li>
            <li>李四</li>
            <li>王五</li>
            <li>刘六</li>
        </ul>
    </details>
</section>
<section>
    <h4>本月自评</h4>
    <p>本月<mark>总体情况较好</mark>，学习目标明确，<mark>完成率较高
</mark>。通过不断阅读课外书，增加了阅读量，扩宽了知识面，提升了自我。同时
还积极"对外"发展，积极进行体育锻炼，扩展人际关系，认识新朋友。本月的不足
之处是学习成绩有待提高。</p>
</section>
</article>
<footer>
    <time datetime="2021-10-30" pubdate="true">
    本消息发布于 2021 年 10 月 30 日
    </time>
</footer>
</article>
</body>
</html>
```

第 3 章　CSS 入门

3.1　知识点梳理

1. CSS 层叠样式表

(1) CSS：层叠样式表，它的作用是让页面中的可视化标签变得美观。

(2) CSS 规则：由两个主要的部分构成，分别是选择器和一条或多条声明。语法格式是：

```
选择器{属性:值;属性:值;}
```

例如：

```
p{color:blue;font-size:14px;}
```

2. CSS 的三种书写方法以及优先级

(1) 内联样式：通过标签的 style 属性设置样式。例如：

```
<p style="color:red;"></p>
```

(2) 内嵌式样式：使用<style> </style>标签对在 HTML 文档的<head>头部标签中定义内部样式表。例如：

```
<head>
    <style type="text/css">
    p{color:red;}
    </style>
</head>
```

(3) 链入式：链入一个 XXX.css 外部样式文件，通过<link>标签的 href 属性实现。例如：

```
<head>
    <link href="css/xxx.css" type="text/css" rel="stylesheet" />
</head>
```

(4) 三种写法的优先级别：当外部样式、内部样式和内联样式同时应用于同一个元素时，也就是使用多重样式的情况下，优先级遵循就近原则，内联样式优先，而链入式样式和内嵌式样式的优先级看位置，越往后优先级越高。

3. CSS 的选择器

(1) 选择器用于指定 CSS 样式作用的 HTML 元素对象。

(2) 基础选择器。

① 标签选择器：标签名称作为选择器，其语法是：

元素标签名称{属性：属性值;}

例如：

p{color:red;}

标签选择器的应用场景有以下两种：

a) 改变某个元素的默认样式时，可以使用标签选择器；

b) 当统一文档中的某个元素的显示效果时，可以使用标签选择器；

② id 选择器：标签中设置 id 属性，在 CSS 样式中使用"#"进行标识，后面紧跟 id 值。例如：#nav{color:red;}。

③ 类选择器：标签中设置 class 属性，在 CSS 样式中使用"."进行标识，后面紧跟 class 值。例如：.top{color:red;}。

④ 基础选择符的优先级：标签选择器<class 选择器<id 选择器。

(3) 复(混)合选择器。

① 标签指定式选择器：又称交集选择器，由两个选择器构成，其中第一个为标签选择器，第二个为 class 选择器或 id 选择器，两个选择器之间不能有空格。例如：p.paragraph 或 h1#heading。

② 后代选择器：又称为包含选择器。可以选择作为某元素后代的元素。选择器一端包括两个或多个用空格分隔的选择器。例如：p span{color:red;}。

③ 群组选择器：又称并集选择器，是各个选择器通过逗号连接而成的，任何形式的选择器(包括标记选择器、class 类选择器、id 选择器等)都可以作为群组选择器的一部分。如果某些选择器定义的样式完全相同或部分相同，就可以利用群组选择器为他们定义相同的 CSS 样式。例如：p,span,.top,#nav{color:red;}。

④ 选择器使用原则：准确地选中元素，又不影响其他。

(4) CSS 优先级。定义 CSS 样式时，经常出现多个规则应用在同一元素上的情况，这时样式叠加就会出现优先级的选择问题。CSS 优先级即是指 CSS 样式在浏览器中被解析出的不同权重。CSS 选择器的权重如表 3-1 所示。

表 3-1　CSS 的权重表

选择器	权　　重
标签选择器	1 分
类选择器	10 分
Id 选择器	100 分
内嵌式样式	1000 分
!important 命令	最高分

权值越大越优先，当权值相等时，后出现的样式表优先级要优于先出现的样式表优先级。CSS 定义了!important 命令，该命令被赋予最大的优先级，也就是说不管权重如何以及样式位置的远近，!important 都具有最大优先级。

(5) id、class 两种选择器的命名。命名规则为：只能使用字母、数字、"_""+""-"等符号，必须以英文字母开头，英文严格区分大小写；常见命名是见名知义和驼峰命名法等。

id="idname"，idname 是唯一的，且只能出现一次。class="classname1 classname2"，classname 可以有一个或多个，多个之间以空格隔开。

4. CSS 语法书写规范

(1) 所有英文书写均使用在英文半角状态下的小写，标点符号也必须在英文半角状态下输入。CSS 样式中的选择器严格区分大小写，属性和值不区分大小写，按照书写习惯一般将选择器、属性和值都采用小写的方式。

(2) 多个属性之间必须用英文半角状态下的分号隔开，最后一个属性后的分号可以省略，但是为了便于增加新样式最好保留。如果属性的值由多个单词组成且中间包含空格，则必须为这个属性值加上英文半角状态下的引号。在 CSS 代码中空格是不被解析的，花括号以及分号前后的空格可有可无。

(3) 所有标签必须闭合。

(4) id，class 取值命名必须以字母开头。

(5) CSS 注释：在编写 CSS 代码时，为了提高代码的可读性，通常会加上 CSS 注释，注释语法：/*注释语句*/。

5. 常用文字样式

文字样式有字体样式和文本样式，常用字体样式属性如表 3-2 所示，常用文本样式属性如表 3-3 所示。

表 3-2 常用字体样式属性

字体样式属性	含义	备 注
font-size	字体大小	值的相对长度单位：em 相对于当前对象内文本的字体尺寸；px 像素，最常用并且推荐使用。 值的绝对长度单位：in 英寸，cm 厘米，mm 毫米，Pt 点
font-family	字体	中文默认宋体，常用的字体有宋体、微软雅黑、黑体等。 中文字体和有空格的英文字体要加引号，当需要设置英文字体时，英文字体名必须位于中文字体名之前。 可以设置多种字体，中间用英文的逗号隔开，如果浏览器不支持第一个字体，则会尝试下一个，直到找到合适的字体
font-weight	字体粗细	取值：Normal(默认值)|Bold(粗体)|Bolder(更粗)Lighter(下义较细)|100～900(100 的整数倍)
font-style	字体风格	取值：normal(默认值)|italic(斜体)|oblique(倾斜)
font-variant	小型大写字母字体	取值：normal(默认值，浏览器会显示标准的字体) small-caps(所有的小写字母均会转换为大写,显示小型大写的字体，仅对英文字有效)
font	综合设置字体样式	语法：选择器 {font: font-style font-variant font-weight font-size/line-height font-family;}属性值必须按顺序书写，空格隔开。其中不需要设置的属性可以省略但必须保留 font-size 和 font-family 属性值

表 3-3　常见文本样式属性

文本样式属性	含义	备注
text-indent	首行缩进	属性值可为不同单位的数值，em 是字符宽度的倍数，建议使用 em 作为设置单位
text-align	文本对齐方式	取值：left(左对齐(默认值))|right(右对齐)|center(居中对齐)
text-decoration	文本修饰	取值：none(没有装饰(正常文本默认值))|underline(下画线)|overline(上划线)|line-through(删除线)
text-transform	文本的大小写转换	取值：none(不转换(默认值))|capitalize(首字母大写)|uppercase(全部字符转换成大写)|lowercase(全部字符转换成小写)
line-height	行高	行间距就是行与行之间的距离，即字符的垂直间距
color	文字颜色	取值：英文的颜色单词、rgb、十六位进制色彩值
letter-spacing	字母间距	属性值可为不同单位的数值，允许使用负值，默认为 normal
word-spacing	单词间距	属性用于定义英文单词之间的间距，对中文字符无效
white-space	空白符的处理	normal：常规(默认值)，文本中的空格、空行无效，满行(到达区域边界)后自动换行。pre：预格式化，按文档的书写格式保留空格、空行原样显示。nowrap：空格空行无效，强制文本不能换行，除非遇到换行标记 。内容超出元素的边界也不换行，若超出浏览器页面则会自动增加滚动条

6. @font-face 属性

@font-face 属性是 CSS3 的新增属性，用于定义服务器字体，开发者可以使用任何喜欢的字体，在用户端都能正确显示，不需要考虑用户计算机是否安装了该字体。使用 @font-face 属性定义服务器字体的基本语法格式如下：

```
@font-face{
    font-family:字体名称;
    src:字体路径;
}
```

在上面的语法格式中，font-family 用于定义该服务器字体的名称；src 属性用于指定该字体文件的路径，建议使用相对路径。

7. text-shadow 文本阴影效果

text-shadow 属性用于设置文本添加阴影效果，其基本语法格式如下：

```
选择器{text-shadow:h-shadow v-shadow blur color;}
```

在上面的语法格式中，h-shadow 用于设置水平阴影的距离，v-shadow 用于设置垂直阴影的距离，blur 用于设置阴影模糊半径，color 用于设置阴影颜色。

8. Web 字体图标

Font Awesome 是一个开源免费的图标工具，目前最新的版本为 4.7.0 版，收录了 675 个图标。

学习应用字体图标主要步骤如下：

(1) 登录"http://www.fontawesome.com.cn/get-started/"，下载 Font Awesome，下载下来的是一个压缩文件"font-awesome-4.7.0.zip"，将其解压到网页所在的文件夹下。

(2) 在<head>处通过<link>标签引入 font-awesome.min.css 文件。

```
<link rel="stylesheet" href="font-awesome/css/font-awesome.min.css">
```

(3) 登录"http://www.fontawesome.com.cn/examples/"查看使用案例。

(4) 登录"http://www.fontawesome.com.cn/faicons/"查看图标库，找到需要使用的图标。

(5) 点击需要使用的图标，进入到该图标，复制源代码到需要使用的地方。

3.2　基　础　练　习

1. 行内式样式也称为内联样式，是通过标签的_____属性来设置元素的样式。

2. 内嵌式样式是将样式写在 HTML 文档的<head>头部标签中，并且用_____标签对包裹着。

3. 链入式 CSS 必须将所有 CSS 属性写在以_____为扩展名的外部样式表文件中。

4. 在 CSS 中，_____属性用于设置文字大小。

5. 在 CSS 中，_____属性用于设置字体(中文字体默认宋体,常用的字体有宋体、微软雅黑和黑体等)。

6. 在 CSS 中，_____属性用于设置首行缩进。

7. 在 CSS 中，_____属性用于设置字体的粗细，其可用属性值：normal、bold、bolder、lighter 和 100～900(100 的整数倍)。

8. 在 CSS 中，_____属性用于设置文字字体风格，其可用属性值：normal(正常字体)默认值、italic(斜体)和 oblique(倾斜)。

9. 在 CSS 中，_____属性用于设置文字颜色(英文、rgb、十六位进制色彩值)。

10. 在 CSS 中，_____属性用于设置文本行高。

11. 在 CSS 中，_____属性用于设置文本对齐方式。

12. 在 CSS 中，_____属性用于设置文本修饰的下画线，上画线，删除线等装饰效果，其可用属性值如下：none(没有装饰(正常文本默认值))、underline(下画线)、overline(上画线)和 line-through(删除线)。

13. 在 CSS 中，_____属性用于设置字符的间距。

14. 在 CSS 中，_____属性用于设置单词间距。

15. id 选择符为_____，群组选择符为_____，class 选择符为_____。

16. 如下 CSS 样式代码：

```
p{ color:red;}
.blue{ color:green;}
#heading{ color:blue;}
```

对应的 HTML 结构为

```
<p id="heading" class="paragraph"> 桂林电子科技大学</p>
```

这段文本最终显示为_____色。

3.3　动手实践

3.3.1　实验 1　文章排版一

1．考核知识点

CSS 样式规则、CSS 文本样式和 CSS 内联式。

2．练习目标

(1) 熟练掌握 CSS 样式规则。

(2) 灵活运用 CSS 内联式的引用方法。

(3) 熟练掌握常用文本样式。

3．实验内容及要求

请做出如图 3-1 所示的效果，并在 Chrome 浏览器中测试。

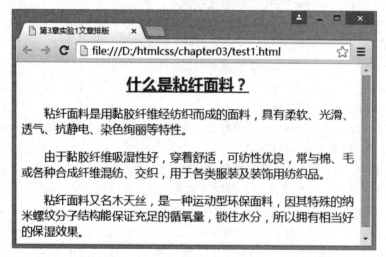

图 3-1　实验 1 效果图

要求：

(1) 标题居中显示，字体属性设置为"微软雅黑"、加粗、加下画线、颜色为红色。

(2) 段落字体为"微软雅黑"，首行缩进 2 个字符，行高为 24 px。

(3) 用 CSS 内联式设置标题和正文的样式。

4．实验分析

此页面由标题和段落构成。用内联式样式设置标题样式，其格式为<h1 style="">，用内联式样式设置正文段落样式，其格式为<p style="">。标题居中，可以使用 CSS 的水平对齐属性 text-align 实现。标题突出显示，设置字体属性为"微软雅黑"、加粗、加下画线、颜色为红色，可以使用 CSS 的字体属性 font-family 来设置字体，应用 CSS 的文字粗细属性 font-weight 来设置字体加粗，使用 CSS 的文本修饰属性 text-decoration 来设置下画线，使用 CSS 的文字颜色属性 color 来设置颜色。使用 text-indent 属来设置段落的首行缩进 2 个字符，使用 line-height 属性来设置段落的行高为 24 px。

5. 实现步骤

(1) 新建 HTML 文档，并保存为 "test1.html"。

(2) 制作页面结构。根据上面的实验分析，使用相应的 HTML 标签来搭建网页结构。代码如下所示：

```
1 <!DOCTYPE html>
2 <html>
3 <head>
4 <meta http-equiv="Content-Type" content="text/html; charset=utf-8" />
5 <title>第 3 章实验 1 文章排版</title>
6 </head>
7 <body>
8 <h1>什么是粘纤面料？</h1>
9 <p>粘纤面料是用黏胶纤维经纺织而成的面料，具有柔软、光滑、透气、抗静电、染色绚丽等特性。</p>
10 <p>由于黏胶纤维吸湿性好，穿着舒适，可纺性优良，常与棉、毛或各种合成纤维混纺、交织，用于各类服装及装饰用纺织品。</p>
11 <p>粘纤面料又名木天丝，是一种运动型环保面料，因其特殊的纳米螺纹分子结构能保证充足的循氧量，锁住水分，所以拥有相当好的保湿效果。</p>
12 </body>
13 </html>
```

保存代码后，在浏览器中预览，效果如图 3-2 所示。

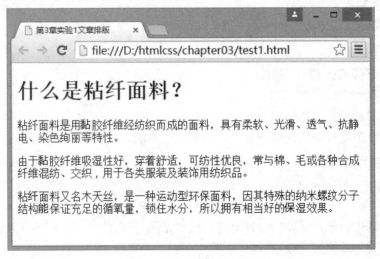

图 3-2　页面结构制作效果图

(3) 设置样式。

① 用内联式样式设置标题样式，修改代码行号 8 代码如下：

```
8 <h1 style="font-weight:bolder;font-family:'微软雅黑'; font-size:24px;text-align:center;text-decoration:underline;color:#930;">什么是粘纤面料？</h1>
```

② 用内联式样式设置第一段段落样式，修改代码行号 9 代码如下：

```
9 <p style="text-indent:2em;font-family:'微软雅黑';font-size:18px;line-height:24px;">粘纤面料是用黏胶纤维经纺织而成的面料，具有柔软、光滑、透气、抗静电、染色绚丽等特性。</p>
```

③ 复制第一段的样式到第二、三段落的标签<p>中。代码行号 10、11 代码如下：

```
10 <p style="text-indent:2em;font-family:'微软雅黑';font-size:18px;line-height:24px;">由于黏胶纤维吸湿性好，穿着舒适，可纺性优良，常与棉、毛或各种合成纤维混纺、交织，用于各类服装及装饰用纺织品。</p>
```

```
11 <p style="text-indent:2em;font-family:'微软雅黑';font-size:18px;line-height:24px;">粘纤面料又名木天丝，是一种运动型环保面料，因其特殊的纳米螺纹分子结构能保证充足的循氧量，锁住水分，所以拥有相当好的保湿效果。</p>
```

保存代码后，在浏览器中预览，效果如图 3-1 所示。完成实验。

6. 总结与思考

(1) 用内联式样式设置各段落中同样的样式，需要在各段落标签定义同样的内联式样式，内联式样式一处写好，但是不能多处应用。思考一下，用什么方法能做到"一处定义样式多处应用样式"？

(2) 内联式样式是嵌套在标签中定义的，样式与 HTML 结构混在一起，不方便维护。

(3) 在设置段落首行缩进 2 个字符，设置样式属性为 text-indent:2em。用 em 单位，无论字号设置多大，首行文本都会缩进 2 个字符，在设置文章段落首行缩进时，建议用 em 单位。

3.3.2 实验 2 文章排版二

1. 考核知识点

CSS 样式规则、CSS 文本样式、CSS 内嵌式样式、标签选择器。

2. 练习目标

(1) 熟练掌握 CSS 样式规则。

(2) 灵活运用 CSS 内嵌式样式。

(3) 熟练掌握常用文本样式。

(4) 熟练掌握用标签选择器设置元素的样式的方法。

3. 实验内容及要求

实验内容与上述实验 1 相同，效果如图 3-1 所示。

要求：

(1) 标题居中显示，字体属性设置为"微软雅黑"、加粗、加下画线、颜色为红色。

(2) 段落字体设置为"微软雅黑"，首行缩进 2 个字符，行高为 24 px。

(3) 用 CSS 内嵌式设置标题和正文的样式。

(4) 用标签选择器选择标题和段落。

4. 实验分析

此页面由标题和段落构成。内嵌式样式设置标题和正文段落样式，即在\<head\>标签中添加\<style type="text/css"\>\</style\>标签对，在该标签对中设置样式。用标签选择器选择标题设置样式，格式为 h1{ }；用标签选择器选择段落设置样式，格式为 p{ }。

5. 实现步骤

(1) 新建 HTML 文档，并保存为"test2.html"。

(2) 制作页面结构。

(3) 在\<head\>标签中添加\<style type="text/css"\>\</style\>标签对，在该标签对中设置样式。

(4) 实现代码如下：

```
<!DOCTYPE html>
<html>
<head>
<meta http-equiv="Content-Type" content="text/html; charset=utf-8" />
<title>第 3 章实验 2 文章排版</title>
<style type="text/css">
h1{
        font-weight:bolder;                /*设置字体加粗*/
        font-family:'微软雅黑';             /*设置字体*/
        font-size:24px;                    /*设置字体大小为 24 px*/
        text-align:center;                 /*设置文本水平居中对齐*/
        text-decoration:underline;         /*设置文本加下画线*/
        color:#930;                        /*设置字体颜色*/
        }
    p{
        text-indent:2em;                   /*设置段落首行文本缩进 2 个字符*/
        font-family:'微软雅黑';             /*设置字体*/
        font-size:18px;                    /*设置字体大小为 18 px*/
        line-height:24px;                  /*设置行高为 24 px*/
        }
</style>
</head>
<body>
<h1>什么是粘纤面料？</h1>
<p>粘纤面料是用黏胶纤维经纺织而成的面料，具有柔软、光滑、透气、抗静电、染色绚丽等特性。</p>
<p>由于黏胶纤维吸湿性好，穿着舒适，可纺性优良，常与棉、毛或各种合成纤维混纺、交织，用于各类服装及装饰用纺织品。</p>
```

> <p>粘纤面料又名木天丝，是一种运动型环保面料，因其特殊的纳米螺纹分子结构能保证充足的循氧量，锁住水分，所以拥有相当好的保湿效果。</p>
>
> </body>
>
> </html>

保存代码后，在浏览器中预览，效果如图 3-1 所示。完成实验。

6. 总结与思考

将实验 1 与实验 2 进行比较可以看出，实验 2 的样式与 HTML 结构分离了，在一处定义<p>标签样式，HTML 文档中所有的<p>标签都应用了此样式。

3.3.3　实验 3　文章排版三

1. 考核知识点

CSS 样式规则、CSS 链入外部样式、类选择器、id 选择器、群组选择器。

2. 练习目标

(1) 熟练掌握 CSS 样式规则。

(2) 熟练掌握 CSS 外部样式的引用方法。

(3) 熟练掌握常用文本样式。

(4) 熟练掌握使用类选择器、id 选择器和群组选择器选择元素的方法。

3. 实验内容及要求

实验内容与上述实验 1 相同，效果如图 3-1 所示。

要求：

(1) 标题居中显示，字体属性设置为"微软雅黑"、加粗、加下画线、颜色为红色。

(2) 段落字体设置为"微软雅黑"，首行缩进 2 个字符，行高为 24 px。

(3) 用 CSS 链入外部样式设置标题和正文的样式，需要建立一个样式文件，设该样式文件名为"mystyle.css"。

(4) 用 id 选择器选择标题进行样式设置，设标题的 id 属性值为 heading，用 class 选择器选择段落进行样式设置，设段落的 class 属性值为 paragraph。利用群组选择器为标题和段落定义相同的 CSS 样式。

4. 实验分析

此页面由标题和段落构成。引入外部样式设置标题和正文段落样式，在<head>中引入外部样式文件，语句为<link href="mystyle.css" type="text/css" rel="stylesheet">。用 id 选择器选择标题设置样式，其格式为#heading{ };用类选择器选择段落设置样式，其格式为.paragraph{ }。标题和段落相同的字体样式定义在群组选择器中，其格式为 #heading,.paragraph{ }。

5. 实现步骤

(1) 新建 HTML 文档，并保存为"test3.html"。

(2) 制作页面结构。参见实验 1 的页面结构代码。

(3) 定义 CSS 样式。

① 创建样式表文件。打开 Dreamweaver CS6，选择菜单栏"文件→新建"命令，进入"新建文档"对话框，如图 3-3 所示。

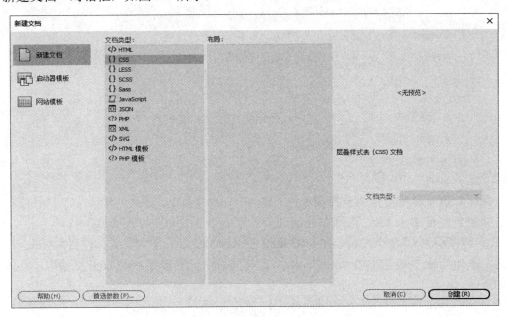

图 3-3　新建 CSS 文档对话框

在"新建文档"对话框中的左侧选择"空白页"，然后在"页面类型"列表中选中"CSS"选项，最后单击"创建"按钮，进入 CSS 文档编辑窗口，如图 3-4 所示。

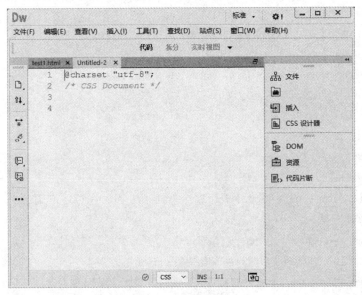

图 3-4　CSS 文档编辑窗口

在图 3-4 所示的 CSS 文档编辑窗口中输入以下代码，并保存为 CSS 样式表文件。

```
#heading,.paragraph{
    font-family:'微软雅黑';          /*设置字体*/

}
```

```
#heading{
    font-weight:bolder;              /*设置字体加粗*/
    font-size:24px;                  /*设置字体大小为 24 px*/
    text-align:center;               /*设置文本水平居中对齐*/
    color:#930;                      /*设置字体颜色*/
}
.paragraph{
    text-indent:2em;                 /*设置段落首行文本缩进 2 个字符*/
    font-size:18px;                  /*设置字体大小为 18 px*/
    line-height:24px;                /*设置行高为 24 px*/
}
```

保存 CSS 文件的方法为选择菜单栏"文件→保存"命令，进入"另存为"对话框窗口，将文件命名为 mystyle.css，保存在 test3.html 文件所在的文件夹 chapter03 中。

② 链接引入 CSS 样式表。在 test3.html 的<head>头部标签内，具体位置为<title>标签之后，添加<link />语句，将 mystyle.css 外部样式表文件链接到 test3.html 文档中，具体代码如下：

```
<link href="mystyle.css" type="text/css" rel="stylesheet" />
```

③ 给页面需要控制的元素添加 id 属性或类名。为页面中需要设置样式的标题添加 id 属性，为段落添加类名。具体代码如下：

```
 1 <!DOCTYPE html PUBLIC "-//W3C//DTD XHTML 1.0 Transitional//EN" "http://www.w3.org/TR/xhtml1/DTD/xhtml1-transitional.dtd">
 2 <html xmlns="http://www.w3.org/1999/xhtml">
 3 <head>
 4 <meta http-equiv="Content-Type" content="text/html; charset=utf-8" />
 5 <title>第 3 章实验 3 文章排版</title>
 6 <link href="mystyle.css" type="text/css" rel="stylesheet">
 7 </head>
 8 <body>
 9 <h1 id="heading">什么是粘纤面料？</h1>
10 <p class="paragraph">粘纤面料是用黏胶纤维经纺织而成的面料，具有柔软、光滑、透气、抗静电、染色绚丽等特性。</p>
11 <p class="paragraph">由于黏胶纤维吸湿性好，穿着舒适，可纺性优良，常与棉、毛或各种合成纤维混纺、交织，用于各类服装及装饰用纺织品。</p>
12 <p class="paragraph">粘纤面料又名木天丝，是一种运动型环保面料，因其特殊的纳米螺纹分子结构能保证充足的循氧量，锁住水分，所以拥有相当好的保湿效果。</p>
13 </body>
14 </html>
```

最后，保存 test3.html 文档，在浏览器中运行，其效果如图 3-1 所示。

6. 总结与思考

(1) 内嵌式样式定义的样式，只供当前文档使用，而在外部样式文件中定义的样式，多个文件都可调用。外部样式与 HTML 结构完全分离。

(2) 本实验中，标题和段落的字体都是"微软雅黑"，当样式设置时，使用了群组选择器把相同的样式写在一起，可以精简 CSS 代码量。

3.3.4　实验 4　新品上市

1. 考核知识点

CSS 样式优先级、选择器、使用服务器字体、使用 Web 字体图标。

2. 练习目标

(1) 熟练掌握 CSS 样式优先级。

(2) 熟练掌握 Web 字体图标的使用方法。

(3) 熟练掌握常服务器字体的使用方法。

(4) 熟练掌握用类选择器、标签指定选择器、群组选择器选择元素。

3. 实验内容及要求

请做出如图 3-5 所示的效果，并在 Chrome 浏览器中测试。

要求：

(1) 标题中两个火焰图标要求用 Web 字体图标实现，图标色为红色。

(2) 标题字体用叶根友毛笔行书，设置该字体为服务器字体。

(3) 为标题各个字设置不同的颜色，加粗。

(4) 标题及正文文本中的数字要加粗加阴影，除原价的数字字体颜色为黑色外，其它数字字体色为红色，数字字号比正文的字号要大一些。

(5) 原价的数字添加删除线。

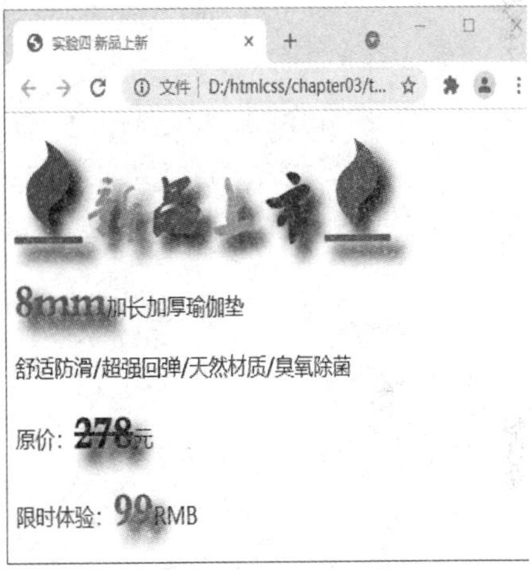

图 3-5　实验 4 效果图

4. 实验分析

展示的内容由标题和正文组成，标题用\<h\>标签，标题 4 个内容用 4 个\<p\>标题定义，标题中各个字要设置不同的颜色并加粗，需要为每个字添加标签\<strong\>，正文文本中的数字要加粗加阴影，需要为数字添加标签\<strong\>。

5. 实现步骤

(1) 新建 HTML 文档，并保存为"test4.html"。

(2) 登录"http://www.fontawesome.com.cn/get-started/"，下载 Font Awesome，下载下来的是一个压缩文件"font-awesome-4.7.0.zip"，将其解压到"test4.html"所在的文件夹下。

(3) 在\<head\>处通过\<link\>标签引入 font-awesome.min.css 文件。

(4) 登录"http://www.fontawesome.com.cn/faicons/"查看图库，找到"火焰"图标。

（5）点击火焰图标，进入到该图标中，复制源代码到标题的两侧。

（6）页面结构代码如下所示：

```
<!DOCTYPE html>
<html>
<head>
<title>实验四  新品上新</title>
<link rel="stylesheet" href="font-awesome-4.7.0/css/font-awesome.min.css">
</head>
<body>
<h4>
    <i class="fa fa-fire fa-5x" aria-hidden="true"></i>
    <strong class="hotpink">新</strong>
    <strong class="green">品</strong>
    <strong class="orange">上</strong>
    <strong class="blue">市</strong>
    <i class="fa fa-fire fa-5x" aria-hidden="true"></i>
</h4>
<p><strong>8mm</strong>加长加厚瑜伽垫</p>
<p>舒适防滑/超强回弹/天然材质/臭氧除菌</p>
<p>原价：<strong id="delline">278</strong>元</p>
<p>限时体验：<strong>99</strong>RMB</p>
</body>
</html>
```

保存代码后，在浏览器中预览，其效果如图 3-6 所示。

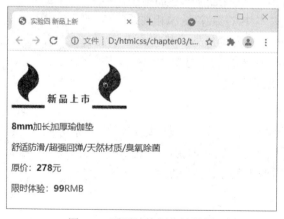

图 3-6　页面结构制作效果图

（7）定义 CSS 样式。

① 设置服务器字体。

```
@font-face{
    font-family:ygyxs;
```

src:url(font/ygyxs88.ttf);}

② 设置标题的样式及数字的样式。

```
strong,i{
      font-size:50px;
      font-family:ygyxs;                    /*使用服务器字体*/
      color:red;
      text-shadow:10px 10px 10px black;      /*设置文本阴影*/
```

③ 设置标题各字体的颜色。

```
.hotpink{color:hotpink;}
.blue{color:blue;}
.orange{ color:orange;}
.green{ color:green;}
```

④ 设置正文的字体字号。

```
p{font-size:18px;font-family:"微软雅黑";}
```

⑤ 设置正文中数字的字号。

```
p strong{font-size:36px;}
```

⑥ 设置原价数字的样式。

```
strong#delline{text-decoration:line-through;color:#000}
```

保存代码后,在浏览器中预览,其效果如图 3-5 所示。

6. 总结与思考

(1) 通过<strong>标签选择器,把所有 strong 元素的字体都设置为红色了,为什么还可以给标题的各个字分别设置不同的颜色呢?

(2) p{font-size:18px;font-family:"微软雅黑";}已经把正文字号都设置为 18 px 了,为什么还可以通过 p strong{font-size:36px;}将数字设置成 36 px 呢?

第 4 章　盒 子 模 型

4.1　知 识 点 梳 理

1. 盒子模型

(1) 盒子模型的概念。盒子模型就是一个有高度和宽度的矩形区，如图 4-1 所示。HTML 页面中的元素可以看作是一个矩形的盒子，可以用<div>标签自定义盒子。

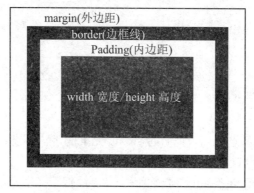

图 4-1　盒子模型

(2) 盒子模型组成部分。

① 内容所占区域：width 宽度、height 高度。

② 填充物：padding 内边距。

③ 盒子边框：border 边框线。

④ 与其他盒子之间的距离：margin 外边距。

(3) 盒子实际所占位置大小的计算公式。

宽度 = 左右 margin + 左右 border + 左右 padding + width。

高度 = 上下 margin + 上下 border + 上下 padding + height。

2. 边框属性(border)

(1) border 边框属性。通过 border 属性设置元素边框的效果。常见写法为：

```
border:线宽 线型 颜色
```

例如，"border:1px solid red;"表示四条边框的效果相同，都是 1 px 宽的红色单实线。同样也可以对上(top)、下(bottom)、左(left)、右(right)这四条边框进行不同效果的设置。例如：

border-top:2px dashed blue;

(2) border 边框单独属性写法。

边框线线型 border-style: …;(solid dotted …/可设置 1～4 个值)。

边框线宽 border-width: …;(thin medium thick 具体数值/可设置 1～4 个值)。

边框线颜色 border-color: …;(颜色/可设置 1～4 个值)。

在设置边框线宽、边框颜色时必须设置边框线型样式，如果没有设置边框线型样式或设置为 none，则其他的边框属性无效。

(3) border 属性值设置 1～4 个值的含义如下：

① 设 1 个值：表示上下左右边框线宽的值相同。例如：

border:10px; /*上下左右四条边框线的宽度都是 10 px*/

② 设 2 个值：第 1 个值是上下边框的值，第 2 个值是左右边框的值。例如：

border-color: red blue; /*上下边框线的颜色为红色，左右边框线的颜色为蓝色*/

③ 设 3 个值：第 1 个值是上边框线的值，第 2 个值是左右边框线的值，第 3 个值是下边框线的值。例如：

border-width:10px 5px 8px; /*上边框的线的宽度为 10 px，左右边框线的宽度为 5 px，下边框线的宽度为 8px*/

④ 设 4 个值：分别是上右下左边框线的值。例如：

border-style: solid dotted dashed double; /*上边框为单实线，右边框为点线，下边框为虚线，左边框双实线*/

3. 内边距(padding)

(1) padding 内边距，用来调整内容在盒子中的位置，值可以是像素/厘米等长度单位，也可以是百分比。

(2) 可设置 1～4 个值。例如：

padding:10px;   /*上下左右*/
padding:12px 10px;   /*上下　左右*/
padding:10px 15px 10px;   /*上　左右　下*/
padding:10px 5px 10px 10px;   /*上　右　下　左*/

(3) 单独属性。例如：

padding-top: …;padding-right: …;padding-bottom: … ;padding-left: … ;

(4) padding 的应用。

① 用来调整内容在盒子中的位置。

② 用来调整子元素在父元素中的位置。注：padding 属性需要添加在父元素上。

③ padding 值是额外加在元素原有大小之上的，如果要保证元素大小不变，需从元素宽度或高度上减掉后添加的 padding 属性值。

4. 外边距(margin)

(1) margin 用来设置元素边框与相邻元素之间的距离，属性值设置 1～4 个值，其含义以及四个方位词(top、right、bottom、left)的写法与 padding 相同。margin 的取值有一个自动值 auto，常用来设置盒子左右居中，例如：margin:10px auto。

(2) 外边距合并。

① 外边距合并是指当两个垂直外边距相遇时，它们将形成一个外边距。合并后的外边距的高度等于两个发生合并的外边距高度中的较大者。

② 当一个元素包含在另一个元素中时，如果没有内边距或边框把外边距分隔开，它们的上外边距或下外边距也会发生合并。

5. box-sizing 属性

box-sizing 属性用于定义盒子的宽度值和高度值是否包含元素的内边距和边框，其基本语法格式如下：

box-sizing: 属性值;

box-sizing 属性有两种取值，分别表示不同的含义，具体解释如下：

(1) content-box：默认值，width 和 height 的属性值，不包括 border 和 padding 的数值，只是内容框的大小。此时盒子实际所占位置大小的计算公式为

$$宽度 = 左右 margin + 左右 border + 左右 padding + width$$
$$高度 = 上下 margin + 上下 border + 上下 padding + height$$

(2) border-box：width 和 height 的属性值，包括 border 和 padding 的数值。此时盒子实际所占位置大小的计算公式为

$$宽度 = 左右 margin + width$$
$$高度 = 上下 margin + height$$

6. border-radius 属性

border-radius 属性可以将矩形边框圆角化，其基本语法格式如下：

border-radius:参数 1/参数 2;

其中，"参数 1"表示圆角的水平半径，"参数 2"表示圆角的垂直半径，两个参数之间用"/"隔开。参数 1 和参数 2 的数值一样时，可以只写一个。

7. box-shadow 属性

box-shadow 属性可以给盒子添加阴影效果，其基本语法格式如下：

box-shadow: h-shadow v-shadow blur spread color inset;

box-shadow 属性值的 6 个参数的说明如下：

(1) h-shadow：必需，水平阴影的位置，取值为像素值，允许负值。

(2) v-shadow：必需，垂直阴影的位置，取值为像素值，允许负值。

(3) blur：可选，模糊距离，取值为像素值。

(4) spread：可选，阴影的尺寸，取值为像素值。

(5) color：可选，阴影的颜色，取值为颜色值。

(6) inset：可选，将外部阴影(outset)改为内部阴影。

8. 背景 background

(1) 设置背景颜色。background-color 属性来设置元素的背景颜色，其属性值可使用预定的颜色名词、十六进制#RRGGBB 或 RGB 代码 rgb(r,g,b)，rgba(r,g,b,alpha)。background-color 的默认值为 transparent，background-color 的值为 rgba(r,g,b,alpha)时可以设置有透明度

的背景色，alpha 参数是一个介于 0 到 1 之间的数值，0 表示完全透明，1 表示完全不透明，大于 0 小于 1 的数值为不同程度的透明。例如：

```
background-color rgba(0,255,255,0.5);
```

(2) 设置背景图片。可以设置元素的背景颜色，背景还可以设置为图片，通过 background-image 属性来设置背景图片，该属性值为 url("图片地址")。例如：

```
background-image:url("images/1.png");
```

(3) 设置背景图片的平铺(图片是否重复出现)。例如：

不平铺：background-repeat:no-repeat;

水平方向平铺：background-repeat:repeat-x;

垂直方向平铺：background-repeat:repeat-y;

完全平铺：background-repeat:repeat;(默认值)

(4) 设置背景图片显示的位置。通过属性 background-position 来实现，它的取值可为方位词、数值和百分值。

① background-positon 的方位词，指定背景图片在元素中的对齐方式，取值如下：left top(左上角)、left bottom(左下角)、left center(左居中)、right top(右上角)、right bottom(右下角)、right center(右居中)、center top(上居中)、center bottom(下居中)、center center(居中)。如果仅规定了一个关键词，那么第二个值将默认为"center"。

简单记法：水平方向值：left、center、right；垂直方向值：top、center、bottom。取水平方向值和垂直方向值的组合，例如：

```
background-position: right center
```

② background-positon 的数值取值，直接设置图片左上角在元素中的坐标。其基本语法格式为 background-position:x y;，例如：

```
background-position:100px 200px;
```

③ background-positon 的百分值取值，按背景图像和元素的指定点对齐，background-position:x% y%;，例如：

```
background-position:50% 30%;
```

如果只有一个百分数，将作为水平值，垂直值则默认为 50%。

(5) 设置背景图片的坐标原点。在默认情况下，background-position 属性是以坐标原点在元素左上角 padding 开始位置的定位背景图片，运用 CSS3 中的 background-origin 属性自行定义坐标原点，其基本语法格式为

```
background-origin:属性值;
```

background-origin 属性有三种取值，分别表示不同的含义，具体解释如下：

① padding-box：默认值，坐标原点在元素左上角内边距 padding 开始位置的定位背景图片。

② border-box：坐标原点在元素左上角边框 borer 开始位置的定位背景图片。

③ content-box：背景图片相对于内容框来定位。坐标原点在元素左上角内容框 content 开始位置的定位背景图片。

(6) 背景图片的大小。背景图片的大小可以通过属性 background-size 来设置，background-size 属性的取值为数值和百分值。

① background-size 的数值取值，指直接设置图像的图片大小，其基本语法格式为

```
background-size:x   y;
```

例如：

```
background-size：100px 100px;
```

② background-size 百分比取值，指相对原始图片大小的比例，其基本语法格式为

```
ackground-size:x% y%;
```

例如：

```
background-size：50% 50%;
```

(7) 设置背景的剪裁区域。background-clip 属性用于定义背景(背景色及背景图片)的裁剪区域，其基本语法格式如下：

```
background-clip: 属性值;
```

background-clip 属性有三种取值，分别表示不同的含义，具体解释如下：

① border-box：默认值，从边框区域向外裁剪背景，即边框及内都保留背景。

② padding-box：从内边距区域向外裁剪背景，即边框的背景被剪裁掉，内边距及内边距以内的背景保留。

③ content-box：从内容区域向外裁剪背景，即边框及内边距的背景被剪裁掉，内容区域背景保留。

(8) 设置多重背景图片。CSS3 中允许一个容器里显示多个背景图片，这是通过 background-image、background-repeat、background-position 和 background-size 等属性提供多个属性值来实现的，各属性值之间用逗号隔开，示例如下：

```
background-image:url(imgs/1.png),url(imgs/2g.png),url(imgs/3.png);
background-repeat:no-repeat;
background-position:bottom,right top,center;   /*依次对应图片的定位*/
```

(9) 设置背景图片是否固定。如果希望背景图片固定在屏幕上，不随着页面元素滚动，可以使用 background-attachment 属性来设置。

① background-attachment:fixed; 图片固定在屏幕上，不随内容的滚动而滚动。

② background-attachment:scroll; 图片随内容的滚动而滚动(默认值)。

(10) 背景复合属性。可以将背景相关的样式都综合定义在一个复合属性 background 中。使用 background 属性综合设置背景样式的语法格式如下：

```
background:[background-color] [background-image] [background-repeat] [background-attachment]
[background-position] [background-size] [background-clip] [background-origin];
```

语法格式中各个样式之间顺序任意，中间用空格隔开，不需要的样式可以省略。

9. 背景渐变

(1) 线性渐变。线性渐变是指起始颜色沿着一条直线按顺序过渡到结束颜色的方式。运用 CSS3 中的 "background-image:linear-gradient(参数值);" 样式可以实现线性渐变效果，其基本语法格式如下：

```
background-image:linear-gradient(渐变角度, 颜色值 1, 颜色值 2, …, 颜色值 n);
```

参数 "渐变角度" 是角度数，取值范围是 0～365deg，以这个角度为发散方向进行直

线渐变。也可以通过关键词来确定渐变的方向。默认值为 top(从上向下)，取值有 left、right、top、bottom、top right、top left、bottom left、bottom right 等。

例如：

```
background-image:linear-gradient(0deg,#0f0,#00F);
background-image:linear-gradient(top,#0f0,#00F);
```

重复线性渐变，只需在线性渐变函数前添加 "repeating-"。即：

```
background-image:repeating-linear-gradient(参数值);
```

(2) 径向渐变。径向渐变是起始颜色从一个中心点开始，以椭圆或圆形的形状进行扩张渐变的方式，运用 CSS3 中的 "background-image:radial-gradient(参数值);" 样式可以实现径向渐变效果。其基本语法格式如下：

```
background-image:radial-gradient(渐变形状 圆心位置,颜色值 1,颜色值 2,…，颜色值 n);
```

参数说明：

① 渐变形状：取值可以是像素值或百分比，定义形状的水平和垂直半径。取值也可以是关键词 circle(圆形)、ellipse(椭圆形，默认值)。

② 圆心位置：取值可以是像素值或百分比，定义圆心的水平和垂直坐标。取值也可以是关键词 left、right、top、bottom、center 等。

重复径向渐变，只需在径向渐变函数前添加 "repeating-"。即：

```
background-image:repeating-radial-gradient(参数值);
```

10. 元素的类型

HTML 元素分为块级元素和行内元素。

(1) 块级元素：默认情况下块级元素会占据一行的位置，后面的元素内容会换行显示。可控制块级元素宽度 width(没有设置具体宽度数值时，宽度是该元素父级的宽度)、高度 height、上下左右内边距 padding、上下左右外边距 margin、对齐 text-align、首行缩进 text-indent 等属性。块级元素常用于网页布局和网页结构的搭建，常见的块级元素有<div></div>、<h3></h3>、<p></p>、<ul></ul>等。

(2) 行内元素：它只占据内容所占的区域，不强迫它后面的元素在新的一行显示，默认情况下，一行可以摆放多个行内元素(浏览器会解释行内元素标签的换行，行内元素之间会有空隙)。不可控制行内元素的宽度 width、高度 height(但可以设置行高 line-height)，不可控制上下外边距 margin，但可控制左右外边距 margin 和左右内边距 padding。上下内边距 padding 可以填充，但它对其它元素的排列没有影响，对于设置 margin 和 padding 行级元素文档流里的上下元素来说，他们的间距不会因为上下外边距 margin 或者上下内边距 padding 而产生。对齐(text-align)属性无意义、首行缩进(text- indent)属性无意义，它们常用于控制页面中文本的样式。常见的行级元素：<b></b>、<span></span>、<del></del>、<font></font>等。

(3) 块级元素和行内元素互相转换。块级元素和行内元素互相转换是通过属性 display 来设置的。display 属性的取值决定元素的显示方式。

① display:block; 表示此元素将显示为块级元素(是块级元素默认的 display 属性值)。

② display:inline; 表示此元素将显示为行内元素(是行内元素默认的 display 属性值)。

③ display:inline-block; 表示此元素将显示为行内块级元素，可以对其设置宽高和对齐等属性，但是该元素不会独占一行。以块级元素样式展示，以行内元素样式排列。

④ display:none; 表示此元素不显示(隐藏)，不再占用页面的空间。相当于该元素不存在。

(4) 元素嵌套规则。

① 块级元素可以嵌套行内元素或某些块级元素，但行内元素却不能嵌套块级元素，它只能包含其他的行内元素。

② 有几个特殊的块级元素只能包含行内元素，不能再包含块级元素，这几个特殊的标签是：<h1>、<h2>、<h3>、<h4>、<h5>、<h6>、<p>、<dt>。

11. <div>和<span> 标签

(1) <div>标签是区块容器标记，其默认的状态就是占据整行，常用于实现网页的规划和布局。

(2) <span>标签是一个行内的容器，其默认状态是行间的一部分，占据行的长短由内容的多少来决定。<span>标签常用于定义网页中某些特殊显示的文本，配合 class 属性使用。它本身没有固定的表现格式，只有应用样式时，才会产生视觉上的变化。当其他行内标签都不合适时，就可以使用<span>标签。

12. 容器的溢出属性(overflow)

当内容太多无法适应指定的区域时，通过设置 overflow 属性定义溢出元素内容区的内容的处理方式如下：

(1) overflow:hidden; 表示溢出内容被隐藏。

(2) overflow:scroll; 表示内容会被修剪，产生滚动条。

(3) overflow:auto; 如果内容被修剪，则产生滚动条。

13. 文本溢出：text-overflow

(1) 取值。

① clip：不显示省略号(...)，而是简单的裁切。

② ellipsis：当对象内文本溢出时，显示省略标记。

(2) 说明。text-overflow 属性只是注明文本溢出时是否显示省略标记，要实现溢出时产生省略号的效果还需定义以下内容：

① 容器宽度：width：value。

② 强制文本在一行内显示：white-space：nowrap。

③ 溢出内容为隐藏：overflow：hidden。

④ 溢出文本显示省略号：text-overflow：ellipsis。

4.2　基础练习

1. 常见盒子的结构样式属性有：_____宽度、_____高度、_____背景、_____边框_____内边距、_____外边距。

2. 定义盒子的上边框为 2 像素、单实线、红色的样式语句为：_____。

3. 定义盒子的上内边距为 20 px，左右内边距为 30 px，下内边距为 10 px 的样式语句为：_____。

4. 定义盒子的距离上下左右的外边距都是 10 px 的样式语句有：_____。

5. 定义盒子的左右外边距为 10 px，上下外边距为 20 px 的样式语句为：_____。

6. 一个盒子的 margin 为 20 px，border 为 1 px，padding 为 10 px，content 的宽为 200 px、高为 50 px，求该盒子的宽度和高度，列计算公式求其值。

宽度=_____。

高度=_____。

7. 设置背景图像水平平铺方式的样式语句为：_____。

8. 设定背景图片固定的样式语句为：_____。

9. 设定背景图片居中显示的样式语句为：_____。

10. <div></div>块级元素，把它转换成行内元素的样式语句为：_____。

11. <div>……</div>隐藏该元素的样式语句为：_____。

12. 判断下列 HTML 标签的嵌套是否正确：

(1) <div><p></p><h3></h3></div>嵌套对否？

(2) <a href="#"><span></span></a>嵌套对否？

(3) <span><div></div></span>嵌套对否？

(4) <p><ul><li></li></ul></p>嵌套对否？

(5) <p><div></div></p>嵌套对否？

13. box-shadow 属性不设置"阴影类型"参数时默认为_____。

14. _____属性用于定义背景图片的裁剪区域。

15. box-sizing 属性的取值可以为：_____、_____。

16. _____属性用于定义盒子的宽度值和高度值是否包含元素的内边距和边框。

4.3　动手实践

4.3.1　实验 1　潮流新品宝贝展示

1. 考核知识点

盒子模型、边框属性、内外边距属性、<div>标记、<span>标签、块级元素和行内元素等知识点。

2. 练习目标

(1) 掌握盒子模型的边框属性、内边距属性、外边距属性。

(2) 灵活运用边框的复合属性。

(3) 熟练使用内边距控制盒子内容的位置。

(4) 熟悉一行文本在一个盒子中垂直居中的方法。

(5) 掌握元素的分类。

(6) 掌握<span>标签的应用。

3. 实验内容及要求

请做出如图 4-2 所示的效果，并在 Chrome 浏览器中测试。

图 4-2　实验 1 效果图

要求：

(1) 设置最外层的大盒子宽为 350 px；高为 540 px;，并为其设置单实线型宽为 1 px、颜色为 #0CC 的边框。

(2) 设置大标题"潮流新品"的字体大小为 18 px，颜色为白色，在宽为 85 px、高为 30 px、底色为 #09F 的盒中居中显示。

(3) 设置的"汽车"图的宽和高均为 350 px。

(4) 设置小标题"Strati 3D 打印汽车"的字体为"微软雅黑 Light"，字号为 20 px。

(5) 设置价格为"1999.00"，字号为 22 px，颜色为 #F00，字型加粗。

(6) 设置"3D 打印"和"修复成本低"的颜色为 #09F，在边框线为单实线型、宽 1 px、底色 #09F 的盒中居中显示。

4. 实验分析

1) 结构分析

该页面由标题、图片和说明内容组成，所有内容都包含在一个盒子中，盒子用<div>

标签定义，标题用<h1>和<h2>标签定义，图片由<img>标签定义，说明内容用<p>标签定义，设置特殊效果的内容用<span>定义，结构分析如图4-3所示。

图 4-3　结构分析图

2) 样式分析

(1) 通过<div>标签进行整体控制，需要对其设置宽度、高度及边框边距样式。

(2) <h1>、<h2>、<p>标签定义的元素都是块级元素，可以对其进行高度、宽度、边框、内外边距、背景，实现布局和效果的设置。

(3) <span>标签定义的元素是行内元素，可以对其进行边框、内边距、左右边距，实现行内元素布局和效果的设置。

(4) 文字效果按要求设置样式即可。

5. 实现步骤

(1) 新建 HTML 文档，并保存为"test1.html"。

(2) 制作页面结构。根据上面的实验分析，使用相应的 HTML 标签来搭建网页结构，对需要设置样式的元素添加 id 或 class 属性，代码如下：

```
 1 <!DOCTYPE html >
 2 <html>
 3 <head>
 4 <meta http-equiv="Content-Type" content="text/html; charset=utf-8" />
 5 <title>第四章实验 1 潮流新品宝贝展示</title>
 6 </head>
 7 <body>
 8 <div id="fashion" >
 9 <h1>潮流新品</h1>
10 <img src="image/car.jpg" width="350" height="350" />
11 <h2>Strati 3D 打印汽车</h2>
12 <p>约<span id="price">1999.00</span>元</p>
13 <p id="prt"><span class="prt3d">3D 打印</span><span class="prt3d">修复成本低</span></p>
14 <p id="sales">月销量<span>0<span></p>
15 </div>
16 </body>
17 </html>
```

保存代码后，在浏览器中预览，效果如图 4-4 所示。

图 4-4　HMTL 结构页面效果图

(3) 定义 CSS 样式。搭建完页面的结构后，使用 CSS 对页面的样式进行修饰。采用从整体到局部，从上到下的方式实现如图 4-2 所示的效果，具体如下：

① 样式重置(reset)。把页面所用标签的默认内外边距都置为 0，代码如下：

```
body,h1,h2,p,span{margin:0;padding:0;}
```

② 设置公共样式。文字设置为水平居中显示，内容的文字大小设置为 12 px，代码如下：

```
p,h2{text-align:center;}              /*文字居中显示*/
p{font-size:12px;}
```

③ 设置最外大盒子的样式。其代码如下：

```
#fashion{width:350px;height:540px;    /*设置盒子的宽度高度*/
    border:1px solid #0CC;            /*border 复合属性设置各边框相同*/
    margin:10px auto;                 /*设置盒子在浏览器中水平居中显示*/
}
```

④ 设置大标题的样式。其代码如下：

```
h1{width:85px;height:30px;            /*设置标题区块的宽度和高度*/
    background:#09F;                  /*设置标题区块的背景色*/
    font-size:18px;color:#FFF;        /*设置标题的字号大小和颜色*/
    line-height:30px;                 /*设置标题的行高与标题区块的高度一样，标题文字在
                                        标题区块中垂直居中显示*/
    text-align:center;                /*标题文字在标题区块中居中显示*/
}
```

样式实现效果如图 4-5 所示。

图 4-5　样式实现效果图

⑤ 设置小标题的样式。其代码如下：

```
h2{font-family:"微软雅黑 Light";font-size:20px;
    margin-bottom:10px;               /*设置下外边距*/}
```

⑥ 内容部分布局的设置。其代码如下：

```
#prt{margin-top:15px;margin-bottom:15px;}   /*设置上下外边距*/
.prt3d{border:1px solid #09F;
    margin-right:10px;                /*设置右外边距，行内元素可以设置左右边外边距*/
    padding:5px;                      /*设置内边距，行内元素可以上下左右内边距*/
    color:#09F;}
#sales{
    margin:25px 10px 0px;
    border-top:1px solid #999;        /*设置上边外边距样式*/
```

```
height:40px;line-height:40px;
font-family:"微软雅黑";
}
```

样式实现效果如图 4-6 所示。

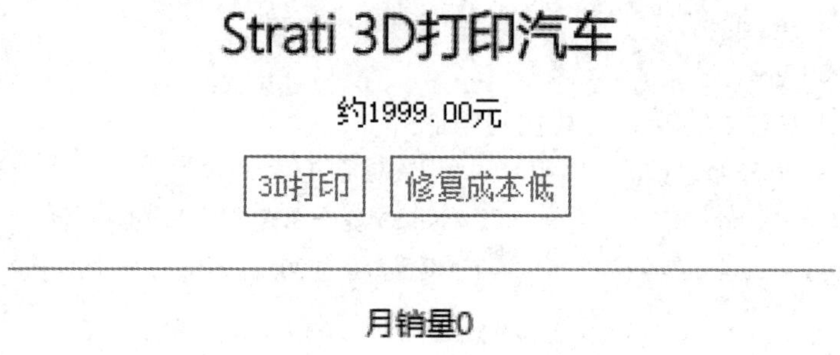

Strati 3D打印汽车

约1999.00元

| 3D打印 | 修复成本低 |

月销量0

图 4-6　样式实现效果图

⑦ 文字突出效果设置。其代码如下：

```
#price{font-size:22px;color:#F00;font-weight:bold;}
#sales span{font-size:16px;font-weight:bold;color:#09F;}
```

保存代码后，在浏览器中预览，效果如图 4-2 所示。

6. 总结与思考

(1) 当需要单独设置的样式的行内元素，却找不到合适的标签时，可以由<span>标签定义。

(2) 一行文本在一个盒子中垂直居中显示的方法是设置 line-height 的高度等于盒子的高度。

(3) 行内元素可以设置边框、内边距和左右外边距，不可以设置高度、宽度和上下外边距。

4.3.2　实验 2 酷车 e 族宝贝展示

1. 考核知识点

盒子模型、边框属性、内外边距属性、背景设置、盒子模型布局。

2. 练习目标

(1) 掌握盒子模型的边框属性、内边距属性、外边距属性、背景属性的设置。

(2) 灵活运用背景的复合属性，掌握调整背景图像位置的方法。

(3) 熟悉盒子的嵌套使用。

(4) 灵活运用盒子属性进行布局，使用内边距控制盒子中内容的位置，使用外边距控制盒子的位置。

3. 实验内容及要求

请做出如图 4-7 所示的效果，并在 Chrome 浏览器中测试。

图 4-7　实验 2 效果图

要求：

(1) 利用盒子模型布局。

(2) 展示区域的高和宽均为 500 px，用给定的自行车图片(bicycles.png)做背景。

(3) 所有的文字内容都右对齐。

(4) 展示区域的边框色为 #0CC，标题文字的大小分别为 26 px、36 px，价格的文字大小为 40 px，颜色设为红色并且字体加粗。

4. 实验分析

(1) 结构分析。页面整体由两大部分组成，即图片和说明文字内容，所有内容都包含在展示区域的大盒子中，图片作为大盒子的背景，所有文字内容都嵌套在大盒子里的另一个盒子中，文字内容有两个标题，用<h1>和<h2>标签定义，另外两行内容由段落<p>标签定义，价格设置由<span>标签定义。结构布局分析如图 4-8 所示。

(2) 样式分析。图片作为盒子的背景，在盒子底部水平居中显示，用背景的复合属性进行设置(background:url(bicycles.png) no-repeat center bottom;)。内容区域的盒子(宽为 235 px，高为 190 px)通过左外边距(230 px)定位到大盒子的右侧；价格所在的段落区块通过上外边距(42 px)定位到内容盒子的最底部，所有文字右对齐；通过设置右内边距，使内容距离盒子右边框 15 px。

图 4-8　结构布局分析图

5. 实现步骤

(1) 新建 HTML 文档，并保存为"test2.html"。

(2) 制作页面结构。根据上面的实验分析，使用相应的 HTML 标签来搭建网页结构，代码如下：

```
 1 <!DOCTYPE html PUBLIC "-//W3C//DTD XHTML 1.0 Transitional//EN" "http://www.w3.org/
TR/xhtml1/DTD/xhtml1-transitional.dtd">

 2 <html xmlns="http://www.w3.org/1999/xhtml">

 3 <head>

 4 <meta http-equiv="Content-Type" content="text/html; charset=utf-8" />

 5 <title>第四章实验 2 酷车 e 族宝贝展示</title>

 6 </head>

 7 <body>

 8 <div id="bicycle">

 9 <div id="content">

10 <h1>酷车 e 族<h1>

11 <h2>B2 电动自行车</h2>

12 <p>不仅仅是偶像派，还是实力派</p>

13 <p id="pricep">&yen;<span id="price">3299.00</span>起</p>

14 </div>
```

```
15 </div>
16 </body>
17 </html>
```

保存代码后，在浏览器中预览，效果如图 4-9 所示。

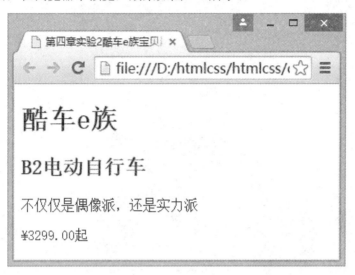

图 4-9　HMTL 结构页面效果图

(3) 样式设置。

① 样式重置(reset)及公共样式设置。将标题和段落标签默认内外边距都置为 0。所有文字内容右对齐，字体都设置为"微软雅黑 Light"。其代码如下：

```
h1,h2,p{
    margin:0;padding:0;
    font-family:"微软雅黑 Light";font-weight:lighter;        /*设置字体变细*/
    text-align:right;                                      /*文字内容靠右对齐*/
}
```

② 展示区域大盒子的样式设置。设置盒子的大小、边框及背景。其代码如下：

```
#bicycle{
    width:500px;
    height:500px;
    border:1px solid #0CC;
    background: url(image/bicycles.png) no-repeat center bottom;   /*背景图不重复底部水平居中显示*/
}
```

③ 设置包文字内容盒子的样式。其代码如下：

```
#content{width:235px;height:190px;
    padding-right:15px;              /*文字内容与右边框之间的距离*/
    border-right:5px solid #F36;     /*红色粗线右边框*/
    margin-left:230px;               /*内容盒子到大盒子左边框的距离*/
}
```

样式实现的效果如图 4-10 所示。

图 4-10　设置盒子属性的效果图

④ 设置标题文字及价格文字的样式。其代码如下：

h1{font-size:26px;}

h2{font-size:36px;}

#price{font-size:40px;font-weight:bold;color:#F00;}

⑤ 定位价格到内容盒子的底部。其代码如下：

#pricep{margin-top:42px;}

保存代码后，在浏览器中预览，效果如图 4-7 所示。

6．总结与思考

(1) 使用盒子的外边距可以定位盒子的位置，使用内边距可以定位盒子里内容的位置，内外边距都可以用来布局。

(2) 背景图片是可以指定位置的。

(3) 思考：使用展示区域大盒子的内边距可以定位内容盒子的位置吗？

4.3.3　实验 3　盒子属性综合实战

1．考核知识点

盒子模型。

2．练习目标

盒子模型各属性的灵活运用。

3. 实验内容及要求

请做出如图 4-11 所示的效果，并在 Chrome 浏览器中测试。

图 4-11　实验 3 效果图

要求：

(1) 盒子为圆角，有两条边框，内边框为白色，外边框颜色与背景颜色相近。

(2) 盒子里有图片、渐变的背景色、文字。

(3) 图片要求不用 img 标签插入，通过样式标签使用背景图片来实现。

(4) 鼠标移到盒子上时，鼠标指针为手形。

(5) 文字效果如图 4-9 所示。

4. 实验分析

1) 结构分析

结构是指一个盒子里有图片和文字。

2) 样式分析

(1) 通过<div>标签进行整体控制，需要对其设置高度、宽度、边距。

(2) 盒子设有边框、圆角。

(3) 最外层的边框线可以用盒子阴影扩展来实现。

(4) 盒子设有背景图片，背景图片不重复，由背景定位来设置背景图片的位置。

(5) 背景还设有渐变、不重复。

(6) 文本设置为白色，水平居中和上内边距定位在背景图片的下方。

(7) 设置鼠标在盒子上时的鼠标指针为手形。

5. 实现步骤

(1) 新建 HTML 文档，并保存为 "test3.html"。

(2) 制作页面结构。根据上面的实验分析，使用相应的 HTML 标签来搭建网页结构，代码如下：

```html
<!doctype html>
<html>
<head>
<title>实验 3  盒子属性综合实战</title></head>
<body>
    <div id="sun"> 日</div>
</body>
</html>
```

(3) 样式设置。

① 清除默认样式。其代码如下：

```css
*{
    margin: 0;
    padding: 0;
}
```

② 设置盒子的样式。其代码如下：

```css
#sun{
    width: 156px;                    /*设置盒子宽度*/
    height: 284px;                   /*设置盒子高度*/
    margin: 10px auto;               /*设置盒子外边距, 盒子左右水平居中显示*/
    padding-top: 150px;              /*设置盒子上内边距, 定位文字在盒子的下方显示*/
    border: 2px solid #fff;          /*设置盒子白色边框*/
    border-radius: 16px;             /*设置盒子圆角边框*/
    background-image: url(image/1.png), linear-gradient(to bottom, #ff7f45, #e8a95d);
                                     /*设置盒子背景图片与背景渐变*/
    background-repeat: no-repeat;    /*设置背景图片不重复*/
    background-position: center 50px,0 0;/*定位盒子背景太阳图片的位置(center 50 px 是水平居中
                                      和距离顶部位置),定位盒子渐变背景的位置(00 是距离
                                      左边和顶部的位置)*/
    box-sizing: border-box;          /*width、height 属性值包含盒子边框和内边距*/
    box-shadow: 0 0 0 2px orange;    /*设置盒子阴影, 盒子阴影扩展半径 2 px, 颜色为橙色,
                                      实现 2 px 宽橙色的外边框*/
    font-family: "微软雅黑";          /*设置文字的字体*/
    font-size: 25px;                 /*设置文字的大小*/
    font-weight: bold;               /*文字加粗*/
    color: #fff;                     /*文字颜色为白色*/
    text-align: center;              /*文字水平居中*/
    cursor: pointer;                 /*设置鼠标移到盒子上时的鼠标指针为手型*/
}
```

保存代码后, 在浏览器中预览, 效果如图 4-11 所示。

第5章　链接与列表

5.1　知识点梳理

1. <a>标签

(1) <a>标签是超链接标签。

其基本语法格式如下：<a href="跳转目标" target="目标窗口的弹出方式">文本或图像</a>。

属性 href 的取值是页面 url 地址，即为跳转页面地址，用以实现超链接的功能。若 href 的取值是压缩包文件，则实现下载功能。当 href 的取值是 id 时，点击之后会直接跳转到 id 所在的位置(锚点)，从而实现同一页面内的不同位置之间的跳转。

属性 target 用于指定链接页面的打开方式，其常用取值有_self 和_blank 两种，其中_self 为默认值，表示在当前窗口中打开；_blank 表示在新窗口中打开。例如：<a href="http://www.baidu.com" target="_blank">百度</a>，点击链接后会在一个新的窗口打开百度网站。

(2) 锚点链接。

其作用是实现在同一页面内的不同位置进行跳转，在长文档中，通过创建锚点链接，用户能够快速定位到目标内容。

定义锚点链接的方法：首先给元素定义命名锚记名，语法如下：

<标签 id="命名锚记名"></标签>

接着命名锚点连接，语法如下：

<a href="#命名锚记名称"></a>

(3) <a>标签注意事项。

① 暂时没有确定链接目标时，通常将<a>标签的 href 属性值定义为"#"(即 href="#")，表示该链接暂时为一个空链接。

② 不仅可以创建文本超链接，在网页中的各种网页元素都可以创建超链接，如图片、表格、音频、视频等。

③ 在某些浏览器中，创建的图片超链接会添加边框效果，影响页面的美观，通常需要去掉图片的边框效果。把图片的边框属性 border 定义为 0 值，即可去掉该链接图片的边框。

④ <a>标签不能嵌套<a>标签。

2. 伪类

(1) 伪类。所谓伪类并不是真正意义上的类，它的名称是由系统定义的，通常由标签名、类名或 id 名加"："构成。

(2) <a>标签的四个伪类。<a>标签的伪类用于向被选中的超链接元素添加特殊的效果，即超链接元素在特定动作情况下才具备的效果。<a>标签的四个伪类如表 5-1 所示。

表 5-1 超链接<a>标签的伪类

超链接<a>标签的伪类	含 义	特定动作触发
a:link{ CSS 样式规则; }	未访问时超链接的状态(默认)	—
a:visited{ CSS 样式规则; }	访问后超链接的状态	鼠标点击过后
a:hover{ CSS 样式规则; }	鼠标经过时超链接的状态	鼠标划过、悬停
a: active{ CSS 样式规则; }	鼠标点击不动时超链接的状态	鼠标按下

(3) <a>的四个伪类书写顺序。同时使用链接的四种伪类时，通常按照 a:link、a:visited、a:hover 和 a:active 的顺序书写，这样四种样式才能循环起作用。

3. <map><area/></map>标签

<map><area/></map>这两个标签的作用是在一张图片中的某些特定位置定义一个或多个热点来创建超链接。

(1) 绘制热点。在 Dreamweave 中绘制一个热点的操作步骤如下：

① 在"设计"视图中选中图片。

② 在"属性"面板中选择一种形状(矩形、圆形、多边形等)的按钮。

③ 在图片上绘制热点区域。

④ 按照属性面板上的选项，填上相应的内容。属性面板上的选项"链接"是点击热点区域后的跳转链接地址；选项"目标"是指定链接页面的打开方式；选项"替换"是鼠标悬浮在该热点区域时的提示文字。

(2) 代码和用法解释。

```
<img src="图片地址" alt="" border="" usemap="# " />
<map name=" " id="">
<area shape="" coords="" href="" alt="" />
</map>
```

<img>标签中的 usemap 属性与 map 元素 name 属性相关联，创建图片与热点之间的联系。<area>标签定义图片中的热点区域(图片中可点击的区域)。area 元素总是嵌套在<map>标签中。<area>标签的 coords 属性定义了图片热点中对鼠标敏感的区域的坐标。坐标的数字及其含义取决于 shape 属性所描述的区域形状。区域形状可定义为矩形(rect)、圆形(circle)或多边形(ploy)等，详细描述如下：

① shape="circle"：区域形状定义为圆形，属性 coords="圆心点 X 坐标,圆心点 Y 坐标,圆的半径"。

② shape="rect"：区域形状定义为矩形，属性 coords="矩形左上角 X 坐标，矩形左上角 Y 坐标，矩形右下角 X 坐标，矩形右下角 Y 坐标"。

③ shape="poly"：区域形状定义为多边形，属性 coords="第一个点 X 坐标，第一个点 Y 坐标，第二个点 X 坐标，第二个点 Y 坐标，…"。

(3) 实例。

```
<img src="webmap.jpg"  usemap="#Map" />
<map name="Map">
    <area shape="circle" coords="370,130,50" href="http://www.baidu.com">
    <area shape="rect" coords="460,150,566,217" href="http://www.qq.com">
    <area shape="poly" coords="227,251,186,220,168,221,159,234,147,258,141,283,146,300,153,315,
161,329,171,336,182,343,201,343,219,339,235,324,238,319,236,313,231,301,227,290,224,280,224,272,224,
268,226,261" href="http://www.sina.com.cn">
</map>
```

4. 列表

列表有无序列表、有序列表、自定义列表三种，列表的定义及属性如表 5-2 所示。

表 5-2 列　　表

项目	无序列表	有序列表	自定义列表
定义	各个列表项之间为并列关系，没有顺序级别之分。	各个列表项会按照一定的顺序排列	自定义列表不仅仅是一列项目，而是项目及其注释的组合。常用于对术语或名词进行解释和描述

基本语法格式	`<ul>`
	　`<li>列表项 1</li>`
	　`<li>列表项 2</li>`
	　`<li>列表项 3</li>`
	　…
	`</ul>`
		`<ol>`
		　`<li>列表项 1</li>`
		　`<li>列表项 2</li>`
		　`<li>列表项 3</li>`
		　…
		`</ol>`
			`<dl>`
			　`<dt>名词 1</dt>`
			　`<dd>名词 1 解释 1</dd>`
			　`<dd>名词 1 解释 2</dd>`
			　…
			　`<dt>名词 2</dt>`
			　`<dd>名词 2 解释 1</dd>`
			　`<dd>名词 2 解释 2</dd>`
			　…
			`</dl>`

type 属性取值及项目符号显示 (type 属性用于指定列表项目符号)	type="disc"　● type="circle"　○ type="square"　■	type="A"　A B C D… type="a"　a b c d… type="1"　1 2 3 4… type="I"　I II III… type="i"　i ii iii…	若无 type 属性，则列表项前没有任何项目符号

注：`<ul>`,`<li>`,`<ol>`,`<dl>`,`<dt>`,`<dd>`是拥有父子级别关系的标签，不仅可以用于信息的组织，还可以用来做布局规划。

5.2　基　础　练　习

1. 根据链接的伪类状态描述，填写伪类。

　　　　　　　　　　　　表示未访问时超链接的状态。
　　　　　　　　　　　　表示访问后超链接的状态。
　　　　　　　　　　　　表示鼠标经过、悬停时超链接的状态。
　　　　　　　　　　　　表示鼠标点击不动时超链接的状态。

2. 在超链接中，当属性 target 取值为"_____"时，意为在当前窗口中打开链接页面。

3. <map><area /></map>这个标签的作用就是在一张图片中的某些特定位置定义一个或多个热点来创建超链接。<img>标签中的 usemap 属性与 map 元素"_____"属性相关联。

4. 请阅读下面无序列表搭建的结构，根据注释中的要求填写代码。

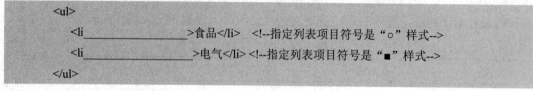

```
<ul>
  <li_____>食品</li>  <!--指定列表项目符号是"○"样式-->
  <li_____>电气</li>  <!--指定列表项目符号是"■"样式-->
</ul>
```

5.3　动手实践

5.3.1　实验 1　页码导航条

1. 考核知识点

超链接标签<a>、链接伪类和元素类型的转换。

2. 练习目标

(1) 掌握文本超链接的定义方法。
(2) 掌握链接伪类的定义方法。
(3) 复习元素类型转换的相关知识。

3. 实验内容及要求

请做出如图 5-1 所示的效果，并在 Chrome 浏览器中测试。

图 5-1　实验 1 效果图

要求：

(1) 页码都由超链接标签<a>定义。

(2) <a>标签样式效果如图 5-1 所示、有高宽、有边框、有底色、没有超链接默认的下画线。

(3) 具有 hover 效果,鼠标移到页码上时,字和边框都变红色。

(4) 当前页的页码底色为红色，字为白色。

4. 实验分析

1) 结构分析

在一个盒子<div>中包多个<a>超链接元素。

2) 样式分析

实现效果图 5-1 所示样式的思路如下：

(1) 通过最外层的大盒子对页码导航条进行整体控制，需要对其设置宽度、高度以及背景色。

(2) 设置超链接标签<a>样式，为其添加背景、文本样式、边框和填充，并将其转换为行级块元素，使其横向排列并能支持高宽设置。

(3) 通过链接伪类实现不同的链接状态。

5. 实现步骤

(1) 新建 HTML 文档，并保存为"test1.html"。

(2) 制作页面结构。根据上面的实验分析，使用相应的 HTML 标签来搭建网页结构。代码如下：

```
1 <html>
2 <head>
3 <meta http-equiv="Content-Type" content="text/html; charset=utf-8">
4 <title>第五章实验 1 页码条</title>
5 </head>
6 <body>
7 <div class="pages">
8 <a href="#">上一页</a><a href="#">1</a><a href="#">2</a><a href="#" class="active">3</a>
<a href="#">4</a><a href="#">5</a><span>…</span><a href="#">下一页</a>
9 </div>
10 </body>
11 </html>
```

保存代码后，在浏览器中预览，效果如图 5-2 所示。

图 5-2 HTML 结构页面效果图

(3) 样式设置。

① 设置大盒子的样式。

```
pages{
    width:600px; height:40px;
    background:#e8e8e8;
    margin:90px auto;                    /*设置盒子在浏览器中水平居中显示*/
```

```
        text-align:center;                    /*设置盒子内容水平居中显示*/
        line-height:40px;                     /*设置行高与盒子高度一样，盒子中的内容垂直居中显示*/
    }
```

② 设计标签<a>的样式。

```
    .pages a{
        text-decoration:none;                 /*去除超链接的默认下画线*/
        background:#fff;color:#333333;
        border:1px solid #cdcdcd;
        padding:0 12px;                       /*用水平填充来设置宽度*/
        height:28px; line-height:28px;        /*行高与高度一样高，文字垂直方向居中显示*/
        display:inline-block;   /*<a>标签是行内元素，不支持宽高，转换成行级块元素后支持高度设置*/
    }
```

效果如图 5-3 所示。

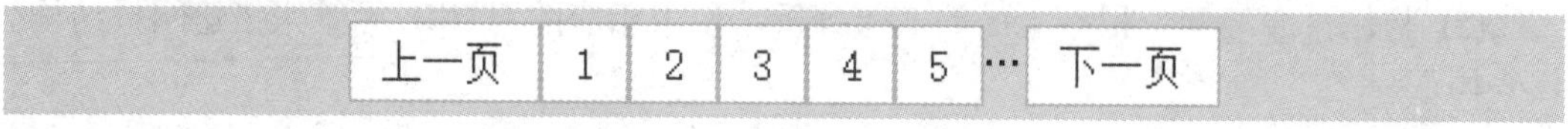

上一页　1　2　3　4　5　…　下一页

图 5-3　<a>的样式效果图

③ 设置<a>标签的伪类。

```
    /*鼠标经过时超链接的状态：字和边框颜色设为红色*/
    .pages a:hover{color:red;border-color:red;}
    /*当前页页码状态：字体加粗，字体颜色设为白色，背景颜色设为红色*/
    .pages .active{ font-weight:bold;color:#fff; background:red; }
    /*当前页页码在鼠标经过时的状态：字体颜色设为白色*/
    .pages .active:hover{color:#fff;}
```

保存代码后，在浏览器中预览，效果如图 5-1 所示。完成实验。

6. 总结与思考

(1) 思考：本实验中用<a>标签的水平填充来设置宽度的优势有哪些？

(2) 思考：本实验中如果<a>标签不转换成行级块元素，有办法设置<a>标签的高度吗？

(3) HTML 标签搭建网页结构时，所有的超链接元素都写在同一行，如果各超链接元素单独写一行，浏览器会解析换行，并在各页码之间自动增加一定的间距。请将每个超链接元素单独写在一行，在浏览器中看一下效果。

5.3.2　实验 2　图片热点超链接

1. 考核知识点

<map><area/></map>标签及其属性的用法。

2. 练习目标

(1) 掌握<map><area/></map>标签的定义及其属性的设置。

(2) 熟练热点区域的绘制及编辑的操作。

3．实验内容及要求

请做出如图 5-4 所示的效果，并在 Chrome 浏览器中测试。

图 5-4　实验 2 效果图

要求：

给定的图片"map.png"上有三个商品，只有在商品图片区域上点击鼠标才能进入到相应的商品详情页面。

4．实验分析

在一张图片中的三个特定区域创建超链接，用<img>标签插入图片，用<map><area/></map>标签来创建热点区域超链接，此功能可以用 Dreamweaver 生成。

5．实现步骤

(1) 新建 HTML 文档，并保存为"test2.html"。

(2) 将给定的图片"map.png"插入到页面中。

(3) 在 Dreamweaver 的"设计"视图下，在图片上单击鼠标左键选中图片，此时"属性面板"就会变成图片的属性，如图 5-5 所示。

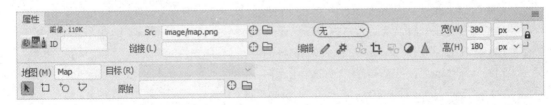

图 5-5　图片的属性面板

在图片属性面板的左下角有方形、圆形、多边形三个图形按钮，这三个按钮是"图片热点"绘制工具。

(4) 给"腰果盘图"加热点链接。单击选中"圆形"热点绘制工具，将鼠标移动到图片上，这时候鼠标就变成了十字形，然后在腰果盘图上绘制一个圆，覆盖住腰果图。绘制好后，属性面板就会变成该圆形区域的属性，在"链接"项中填上链接地址

"http://tao.bb/gX7kI"，"目标"项中填上"_blank"，在"替换"项中填上"腰果"。

（5）给"豆浆袋图"加热点链接。依照上述方法，选中图片，单击选中"方形"热点绘制工具，并在图片"豆浆袋图"上绘制一个方形热点区域，然后在属性面板的"链接"项中填上链接地址"http://tao.bb/4ZFOJ"，在"目标"项中填上"_blank"，在"替换"项中填上"豆浆"。

（6）给"红酒瓶图"加热点链接，依照上述方法，选中图片，单击选中"多边形"热点绘制工具，并围绕图片上"红酒瓶图"的边沿点击，直到红酒瓶图覆盖为止。热点区域形状是可以编辑的，拖动编辑点，可以改变形状。热点区域效果图如图5-6所示。

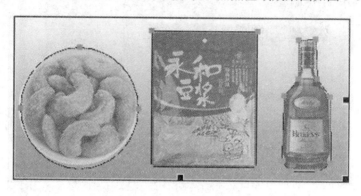

图5-6　热点区域效果图

生成的代码如下：

```
1 <!DOCTYPE html >

2 <html>

3 <head>

4 <meta http-equiv="Content-Type" content="text/html; charset=utf-8" />

5 <title>第五章实验图片热点超链接</title>

6 </head>

7 <body>

8 <img src="image/map.png" width="380" height="180" usemap="#Map" border="0"/>

9 <map name="Map" id="Map">

10 <area shape="circle" coords="75,101,67" href="http://tao.bb/gX7kI" target="_blank" alt="腰果" />

11 <area shape="rect" coords="157,15,277,165" href="http://tao.bb/4ZFOJ" target="_blank" alt="豆浆" />

12 <area shape="poly" coords="322,24,341,23,343,67,358,87,359,159,344,168,315,168,304,157,306,86,322,67" href="http://tao.bb/OpzBe" target="_blank" alt="红酒" />

13 </map>

14 </body>

15 </html>
```

保存代码后，在浏览器中预览，其效果如图5-4所示。

6. 总结与思考

（1）思考：如何编辑多边形热点区域？

(2) 思考：将鼠标移至热点区域时如何显示提示信息？

5.3.3 实验 3 无序列表制作魅力彩妆岁末盛惠广告

1. 考核知识点

无序列表<ul>的应用。

2. 练习目标

(1) 掌握无序列表的应用方法。

(2) 复习盒子模型的相关知识。

3. 实验内容及要求

请做出如图 5-7 所示的效果，并在 Chrome 浏览器中测试。

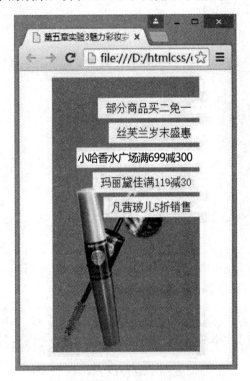

图 5-7　实验 3 效果图

要求：

(1) 用给定的图片做背景。

(2) 用无序列表来定义内容条目。

(3) 样式效果如图 5-7 所示。

4. 实验分析

1) 页面结构分析

如图 5-7 所示的彩妆优惠单，各优惠条目之间是并列关系，因此可以用无序列表<ul>进行定义。

2) 样式分析

实现效果图 5-7 所示样式的思路如下：

(1) 运用背景属性(background)为\<ul\>添加背景图片，并设置列表水平居中显示。

(2) 把\<li\>转换成行级块元素，通过填充来控制\<li\>的高宽，为\<li\>设置背景样式。

5. 实现步骤

(1) 新建 HTML 文档，并保存为"test3.html"。

(2) 制作页面结构。根据上面的实验分析，使用相应的 HTML 标签来搭建网页结构。代码如下所示：

```
1 <!DOCTYPE html>
2 <html>
3 <head>
4 <meta http-equiv="Content-Type" content="text/html; charset=utf-8" />
5 <title>第五章实验 3 魅力彩妆岁末盛惠</title>
6 </head>
7 <body>
8   <ul>
9 <li><a href="#">部分商品买二兔一</a></li>
10 <li><a href="#">丝芙兰岁末盛惠</a></li>
11 <li><a href="#">小哈香水广场满 699 减 300</a></li>
12 <li><a href="#">玛丽黛佳满 119 减 30</a></li>
13 <li><a href="#">凡茜玻儿 5 折销售</a></li>
14 </ul>
15 </body>
16 </html>
```

保存代码后，在浏览器中预览，效果如图 5-8 所示。

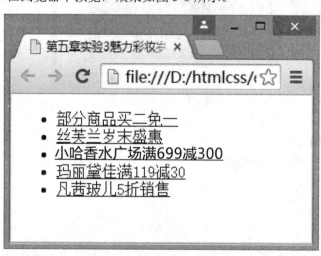

图 5-8　页面结构制作效果图

(3) 设置样式。

① 样式重置。

```
ul{li{margin:0px;padding:0px;        /*去除列表的默认内外边距*/
    list-style-type:none;            /*去除列表前的默认项目符号*/
}
a{text-decoration:none;              /*去除超链接的默认下画线*/
}
```

② 设置列表<ul>的样式。

```
ul{
    width:220px;height:399px;                      /*设置列表盒子的大小*/
    background-image:url(image/cz.jpg);            /*设置列表盒子的背景图*/
    margin:10px auto;                              /*设置盒子的大小*/
    padding-top:30px;                              /*列表顶部的内边距离，定位列表项条目内容离顶部的距离*/
    text-align:right;                              /*所有列表项条目中的文字靠右对齐*/
}
```

③ 设置列表项<li>的样式。

```
li{
    display:inline-block;      /*列表项设置为 inline-block 元素，当列表项盒子没有设置具体的宽
                                 度时，设置 inline-block 后宽度由内容决定*/
    padding:6px 12px;          /*用填充来设置列表高度，宽度*/
    margin-bottom:6px;         /*设置下外边距*/
    background-color:#fff;      /*设置列表项的背景色*/
}
```

保存代码后，在浏览器中预览，效果如图 5-7 所示。

6. 总结与思考

(1) 内容条目是并列关系时，可以考虑用列表来定义页面结构。

(2) 如果列表项不设置 display:inline-block，动手试试效果。这是为什么呢？

5.3.4　实验 4　自定义列表展示商品

1. 考核知识点

自定义列表<dl>、图片创建超链接。

2. 练习目标

(1) 掌握自定义列表的应用方法。

(2) 掌握图片创建超链接的方法。

3. 实验内容及要求

请做出如图 5-9 所示的效果，并在 Chrome 浏览器中测试。

图 5-9　实验 4 效果图

要求：

(1) 用自定义列表定义页面结构。

(2) 样式效果如图所示。

4. 实验分析

1) 结构分析

图 5-9 所示的木耳商品展示图，由图片和文字两部分构成，文字是对图片的描述和说明，因此可以通过定义列表实现该图文混排的效果。其中，在<dt></dt>标签中插入图片，在<dd></dd>标签中放入对图片解释说明的文字，结构分析如图 5-10 所示。

图 5-10　结构分析图

2) 样式分析

实现效果图 5-10 所示样式的思路如下：

(1) 为<dl>设置宽高、填充和边框样式。

(2) 为<dd>设置字体样式。

5. 实现步骤

(1) 新建 HTML 文档，并保存为"test4.html"。

(2) 制作页面结构。根据上面的实验分析，使用相应的 HTML 标签来搭建网页结构。
代码如下所示：

```
1 <!DOCTYPE html>
2 <html>
3 <head>
4 <meta http-equiv="Content-Type" content="text/html; charset=utf-8" />
5 <title>第五章实验 4 自定义列表展示商品</title>
6 </head>
7 <body>
8 <dl class="cp">
9 <dt class="img-title">
10 <a class="img-wrap" target="_blank" href="" title="批发、口感醇厚、无根肉厚、件=斤"><img
src="image/muer.jpg" ></a>
11 </dt>
12 <dd class="title"><a href="" title="批发、口感醇厚、无根肉厚、件=斤">随州农产品干货黑木
耳</a></dd>
13 <dd class="info">批发价：&yen;<span class="price">37.00</span>/件</dd>
14 <dd class="info">买家数：138 人</dd>
15 <dd class="info">已售：15562 件</dd>
16 </dl>
17 </body>
18 </html>
```

保存代码后，在浏览器中预览，其效果如图 5-11 所示。

图 5-11　页面结构制作效果图

(3) 设置样式。

① 样式重置及设置公共样式。

```
body,dl,dt,dd{margin:0;padding:0; font-family:"宋体";}
a{
    text-decoration:none;          /*去除超链接默认的下画线*/
    color:#333;}
img{
    border:none;                   /*设置图片没有边框,去除图片创建超链接后添加的边框*/
    vertical-align:top;
}
```

② 设置盒子的样式。

```
.cp{
    width:150px;height:230px;      /*设置盒子的宽为:150 px,高度为 230 px*/
    padding:20px;                  /*设置盒子的内边距为 20 px*/
    border:1px solid #999;         /*设置盒子的边框:1 px 实线 颜色为 #999*/
    margin:20px auto;              /*设置盒子水平居中显示*/
}
```

③ 设置文字的样式。

```
.title{color:#333;font-size:14px;font-weight:bold;
                               /*设置文字的字体颜色为:#333,大小为:14 px,字体加粗显示*/
padding:10px 0 3px 0;}         /*设置内边距:上为 10 px 下为 3 px 左右为 0*/
.info{color:#999;font-size:12px;  /*设置文字的字体颜色为:#999,大小为:12 px /
line-height:18px;}             /*设置行高为:18 px*/
.price{color:#F00;font-weight:bold;font-size:14px;}
                               /*设置文字的字体颜色为:#F00,字体加粗显示,大小为:14 px; */
```

保存代码后,在浏览器中预览,效果如图 5-9 所示。

6. 总结与思考

(1) 当页面内容结构可以划分为一个盒子中的两部分内容,其中一部分是列表时,可以考虑用自定义列表来定义该页面结构。

(2) 图片加超链接后会给图片添加边框,在本实验中如不设置图片样式 border:none,试试效果。

5.3.5　实验 5　服装鞋包菜单制作

1. 考核知识点

自定义列表<dl>、CSS Sprites(图片精灵)技术。

2. 练习目标

(1) 掌握自定列表的使用方法。

(2) 掌握使用列表项创建超链接的方法。

(3) 熟练掌握 CSS Sprites(图片精灵)技术。

3. 实验内容及要求

请做出如图 5-12 所示的效果，并在 Chrome 浏览器中测试。

图 5-12　实验 5 效果图

要求：

(1) 用自定义列表定义页面结构。

(2) 用给定图片上的图标做列表项的项目符号。

(3) 鼠标经过时超链接的状态字变为红色。

4. 实验分析

1) 结构分析

页面结构可以划分为一个盒子的两部分内容，上面的部分是菜单名，下面的部分是菜单项列表。结构分析如图 5-13 所示，可以用自定义列表来定义页面结构，用<dt>标签定义菜单名，用<dd>标签定义菜单项。

2) 样式分析

(1) 设置<a>标签的文本样式，通过链接伪类实现不同的链接状态。

(2) 通过<dl>标签对菜单栏进行整体控制，需要对其设置宽度、高度、填充以及背景色。

(3) 设置<dt>标签的高度和外边距。

(4) 设置<dd>标签的高度和外边距。

(5) 列表项的项目符号用 CSS Sprites(图片精灵)技术制作。

图 5-13　结构分析图

5. 实现步骤

(1) 新建 HTML 文档，并保存为"test5.html"。

(2) 制作页面结构。根据上面的实验分析，使用相应的 HTML 标签来搭建网页结构。代码如下所示：

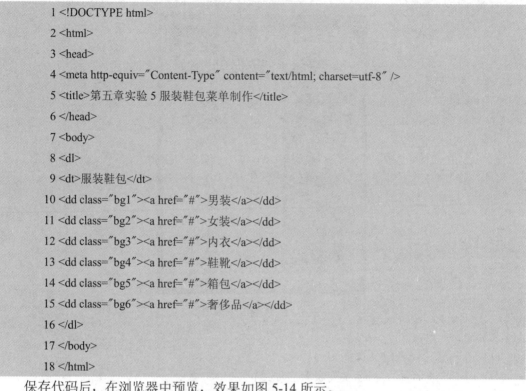

```
1 <!DOCTYPE html>
2 <html>
3 <head>
4 <meta http-equiv="Content-Type" content="text/html; charset=utf-8" />
5 <title>第五章实验 5 服装鞋包菜单制作</title>
6 </head>
7 <body>
8 <dl>
9 <dt>服装鞋包</dt>
10 <dd class="bg1"><a href="#">男装</a></dd>
11 <dd class="bg2"><a href="#">女装</a></dd>
12 <dd class="bg3"><a href="#">内衣</a></dd>
13 <dd class="bg4"><a href="#">鞋靴</a></dd>
14 <dd class="bg5"><a href="#">箱包</a></dd>
15 <dd class="bg6"><a href="#">奢侈品</a></dd>
16 </dl>
17 </body>
18 </html>
```

保存代码后，在浏览器中预览，效果如图 5-14 所示。

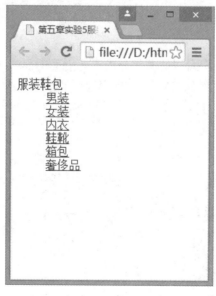

图 5-14　页面结构制作效果图

(3) 设置样式。

① 样式重置(reset)。将页面用到的标签默认内外边距都设置为 0。

dl,dt,dd{margin:0;padding:0;}

② 设置<a>标签样式。

a{text-decoration:none;}　　　　　　　/*去除超链接默认的下画线*/

a:hover{color:#F00;}　　　　　　　　　/*鼠标经过时超链接的状态：字设为红色*/

③ 设置<dl>标签盒子的样式。

dl{width:80px;height:240px;background-color:#C2DEDE;padding:10px;}/*设置盒子的宽为:80px;
高为 240px;背景颜色为：#C2DEDE;内边距为：10px */

④ 设置菜单名<dt>标签的样式。

dt{height:26px;line-height:26px;　　　　/*行高与盒子一样，盒子中的内容垂直居中显示*/

margin-bottom:10px;　　　　　　　　　/*底部外边距设 10 px 间距*/

}

⑤ 设置菜单项<dd>标签的样式。

dd{height:26px;line-height:26px;padding-left:30px;margin-bottom:10px;background:url("image/cloth
esicon.png") no-repeat;　　　　　　　　/*设置背景图片不重复*/

}

.bg1{background-position:0 0;}　　　　　/*设置第 1 项的背景图片位置*/

.bg2{background-position:0 -26px;}　　　　/*设置第 2 项的背景图片位置*/

.bg3{background-position:0 -52px;}　　　　/*设置第 3 项的背景图片位置*/

.bg4{background-position:0 -78px;}　　　　/*设置第 4 项的背景图片位置*/

.bg5{background-position:0 -104px;}　　　/*设置第 5 项的背景图片位置*/

.bg6{background-position:0 -130px;}　　　/*设置第 6 项的背景图片位置*/

保存代码后，在浏览器中预览，效果如图 5-12 所示。

6. 总结与思考

本例中把背景图片整合到一张图片文件中，再利用 CSS 的"background-image"
"background-repeat"和"background-position"的组合进行背景定位，background-position
可以用数字精确的定位出背景图片的位置，这就是 CSS Sprites(图片精灵)技术，它的优点
是减少了网页的 http 请求，从而提高了页面的性能。

第 6 章　浮动与定位

6.1　知识点梳理

1. 文档流

在文档可显示元素中，块级元素独占一行或多行，自上而下排列；行内元素按照自左到右的顺序排列，即为文档流。总体来说就是按照自上而下，自左到右的顺序排列。

2. 浮动

(1) 浮动的定义。浮动的元素脱离文档流，按照指定方向(向左或向右)发生移动，直到它的外边缘碰到父元素的边框或另一个浮动框的边框为止。浮动框由于不在文档流中，所以不再占据原来所占据的位置。浮动可用于实现多列功能，在标准文档流中，块级元素默认一行只能显示一个，而使用 float 属性可以实现一行显示多个块级元素的功能。

在 CSS 中，通过 float 属性来定义浮动的基本语法格式为：选择器 {float:属性值;}，属性值可取向左浮动(float:left)、向右浮动(float: right)和不浮动(float:none(默认值))。

(2) 清除浮动。由于浮动元素不再占用原文档流的位置，所以它会对页面中其他元素的排版产生影响，这时就需要在该元素中清除浮动。清除左侧浮动的影响：clear:left; 清除右侧浮动的影响：clear:right；同时清除左右两侧浮动的影响：clear:both。

float 的元素属性是漂浮，float 就像向左、右看齐，clear 是用来换行的，使浮动元素占据位置。

(3) inline-block 元素与 float 元素的比较如表 6-1 所示。

表 6-1　inline-block 元素与 float 元素的比较

inline-block 元素	float 元素
1. 使块级元素在一行显示 2. 使内嵌元素支持宽高 3. 代码换行被解析 4. 不设置宽度的时候宽度依据内容而定 5. 在原文档流中	1. 使块级元素在一行显示 2. 使内嵌元素支持宽高，变成块级元素 3. 代码换行不被解析 4. 不设置宽度的时候宽度依据内容而定 5. 不再占用原文档流的位置，不在文档流中 6. 提升层级半层，下面的层内容会被"挤"出来

3. 定位

(1) 定位的定义。定义元素框相对于正常应出现的位置，或者相对于父元素，或者是相对于浏览器窗口的位置。在 CSS 中，元素的定位属性主要包括定位模式 position 属性和方向偏移量属性 top、bottom、left 或 right，用来精确定义定位元素的位置。

  position 属性用于定义元素的定位模式，其基本语法格式为：选择器{position:属性值;}。
position 属性的常用值及含义如表 6-2 所示。

表 6-2 position 属性值

position 属性值	描　　述
static(静态定位)	默认值。没有定位，元素出现在正常的流中
relative(相对定位)	生成相对定位的元素，相对于元素本身正常位置进行定位(通过设置垂直或水平位置，让这个元素"相对于"它的起点进行移动) 相对定位的元素，不影响元素本身的特性，没有脱离文档流，它在文档流中的位置空间仍然保留。如果没有定位偏移量，对元素本身没有任何影响。相对定位一般都是配合绝对定位元素使用 元素的位置通过"left""top""right"以及"bottom"属性进行设置
absolute(绝对定位)	生成绝对定位的元素，相对于最近的已经定位(绝对、固定或相对定位)的父元素进行定位。若所有父元素都没有定位，则依据文档对象(浏览器窗口)进行定位 绝对定位的元素，脱离文档流，不在正常的文档流中，不再占原来的位置空间。如果绝对定位的元素是内嵌元素，可以支持宽高设置，变成块级元素；如果是块级元素，没有指定宽高时，由内容撑开宽度 元素的位置通过"left""top""right"以及"bottom"属性进行设置
fixed(固定定位)	生成固定定位的元素，相对于浏览器窗口进行定位。位置固定在窗口的某个位置，不管浏览器滚动条如何拖动，也不管浏览器窗口的大小如何变化，该元素都会始终显示在浏览器窗口的固定位置 固定定位的元素，脱离文档流，不在正常的文档流中，不再占原来的位置空间。如果固定定位的元素是内嵌元素，可以支持宽高，变成块级元素；如果是块级元素，没有指定宽高时，由内容撑开宽度 元素的位置通过"left""top""right"以及"bottom"属性进行设置

  边偏移量属性 top、bottom、left 或 right 用于精确定义定位元素的位置，其取值可以为数值或百分比。具体解释如表 6-3 所示。

表 6-3 边偏移量属性

边偏移量属性	描　　述
top	顶端偏移量，定义元素相对于其参照的元素的上边线的距离
bottom	底部偏移量，定义元素相对于其参照的元素的下边线的距离
left	左侧偏移量，定义元素相对于其参照的元素的左边线的距离
right	右侧偏移量，定义元素相对于其参照的元素的右边线的距离

  (2) 层级关系。当对多个元素同时设置定位时，定位元素之间有可能会发生重叠，默认后者层级高于前者。在 CSS 中，要想调整重叠定位元素的堆叠顺序，可以对定位元素应用层叠等级属性 z-index，其取值可为正整数、负整数或 0。z-index 的默认属性值是 0，取值越大，定位元素的位置在层叠元素中越居上。

4. 宽度依据内容而定的元素

除行内元素外，当元素没有指定具体的宽高且设置如下样式之一时，元素的宽度依据内容而定。可设置的样式有：display:inline、display:inline-block、floa:left/right、position: absolute 和 position:fixed。

6.2　基　础　练　习

1. 设置了浮动属性的元素_____正常的文档流，原来所占据位置_____占据。
2. 设置了绝对定位的元素_____正常的文档流，原来所占据位置_____占据。
3. 设置了相对定位的元素_____正常的文档流，原来所占据位置_____占据。
4. 绝对定位的元素以_____作为参照物来定位。
5. 相对定位的元素以_____作为参照物来定位。
6. _____是以浏览器窗口作为参照物来定位的。
7. position 属性用于定义元素的定位模式，position 属性的常用值有_____、_____、_____、_____。
8. 边偏移量属性用于精确定义定位元素的位置，边偏移量属性的有_____、_____、_____、_____。
9. 要想调整重叠定位元素的堆叠顺序，可以对定位元素应用层叠等级属性 z-index。z-index 属性仅对_____元素生效。z-index 取值越大，定位元素在层叠元素中越_____。
10. 块级元素在没有指定具体宽度时，通过设置样式属性_____或_____或_____或_____或_____或_____，宽度由内容撑开。

6.3　动　手　实　践

6.3.1　实验 1　食品农业市场商品展示

1. 考核知识点

元素的浮动属性 float 和清除浮动。

2. 练习目标

(1) 熟练使用浮动属性。
(2) 深刻理解 float 属性的布局定位应用。
(3) 灵活运用 float 属性实现图片和文本排列美观大方的布局。
(4) 掌握用 after 伪对象清除浮动的方法。
(5) 掌握列表的应用。

3. 实验内容及要求

请做出如图 6-1 所示的效果，并在 Chrome 浏览器中测试。

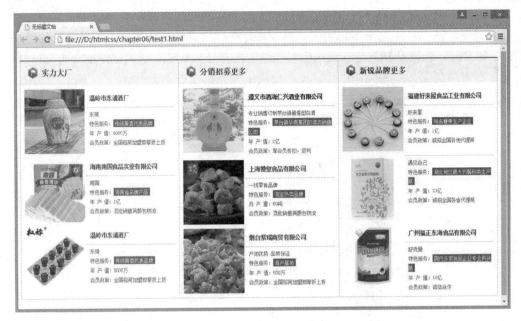

图 6-1　实验 1 效果图

要求：

(1) 利用浮动进行布局定位。

(2) 样式效果如图 6-1 所示。

4. 实验分析

1) 结构分析

此页面整体可以分为在一个大盒子里并列着的左中右三个盒子，这三个盒子可以通过三个<div>标签进行定义，整体结构分析如图 6-2 所示。

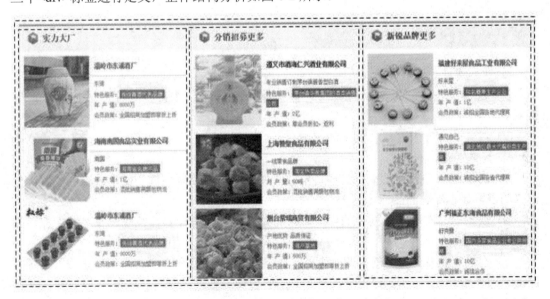

图 6-2　整体结构分析

　　并列的三个盒子里的内容结构相同，均由一个标题和三个商品展示组成。其中，标题用<h3>定义，商品展示部分可以用无序列表<ul>进行定义；由于每一个商品展示的结构也相同，即左侧一张商品图片，右侧由标题和说明内容条目构成，因此左侧用一个<div>标签定义，右侧用自定义序列<dl>进行定义，模块结构分析如图 6-3 所示。

图 6-3　模块结构分析

2) 样式分析

　　(1) 通过最外层的大盒子对页面进行整体控制，并对其设置宽度、边框及边距等样式。

　　(2) 对并列的左中右三个盒子的 3 个<div>标签应用左浮动，并设置宽度，左中两个<div>标签设置右边框线。

　　(3) 为标题<h3>标签设置行高和背景，并使用左内边距属性调整文本内容的位置，空出来的位置显示标题的图标。

　　(4) 设置商品展示区域列表的样式，对商品展示区域进行整体控制，并对其设置填充及边距等样式。

　　(5) 设置商品展示内容的样式，商品图片区域<div>标签和文字描述列表区域都进行左浮动，列表项<li>要应用清除浮动样式，然后设置文字描述的文本样式。

　　(6) 对最外层的大盒子应用清除浮动样式。

5. 实现步骤

(1) 新建 HTML 文档，并保存为"test1.html"。

(2) 制作页面结构。根据上面的实验分析，使用相应的 HTML 标签来搭建网页结构。代码如下所示：

```
1 <!DOCTYPE html
2 <html xmlns="http://www.w3.org/1999/xhtml">
3 <head>
4 <meta http-equiv="Content-Type" content="text/html; charset=utf-8" />
5 <title>第六章实验1食品农业市场商品展示</title>
6 </head>
7 <body>
8 <div class="wrap clear">
9     <div class="left">
10         <h3>实力大厂</h3>
11         <ul>
12             <li class="clear">
13             <div class="pic">
14                 <a href="#"><img src="image/11.jpg" /></a>
15             </div>
16             <dl>
17                 <dt><a href="#">温岭市东浦酒厂</a></dt>
18                 <dd>东琦</dd>
19                 <dd>特色服务：<span class="service">传统黄酒代表品牌</span></dd>
20                 <dd>年 产 值：8000 万</dd>
21                 <dd>会员政策：全国招商加盟即享折上折</dd>
22             </dl>
23             </li>
24         </ul>
25     </div>
26     <div class="center">
27     </div>
28     <div class="right">
29     </div>
30 </div>
31 </body>
32 </html>
```

因每个商品展示的结构相同，在标签<ul>中复制两个<li>…</li>标签对，并更改其中的文字内容和图片，即可得到左侧盒子的内容；再复制左侧盒子的内容到中间盒子和右侧的盒子中，并更改文字内容和图片即可完成结构制作。

保存后，在浏览器中预览，效果如图 6-4 所示。

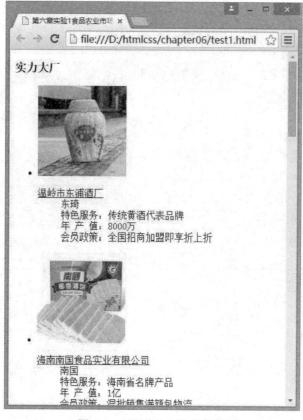

图 6-4　页面结构制作效果图

(3) 定义 CSS 样式。搭建完页面的结构后，需要使用 CSS 样式对其进行修饰。采用从整体到局部、从上到下的方式实现图 6-1 所示的效果。

① 样式重置及公共样式设置。

```
body,ul,dl,dd,h3{
    margin:0;padding:0;          /*重置标签的内边距均为 0，清除标签的默认内外边距*/
    font-family:"宋体";           /*设置字体为"宋体"*/
}
li{ list-style:none;            /*清除列表的默认项目符号*/
  }
a{
    text-decoration:none;       /*清除超链接的默认下画线*/
    color:#333;                 /*设置超链接的文本颜色*/
}
img{
    border:none;                /*设置图片无边框，消除图片因做超链接产生的默认边框*/
    vertical-align:top;         /*顶部对齐*/
}
```

```
/*设置清浮动样式*/
.clear{zoom:1;}                          /*运用 after 伪对象的方式清浮动*/
.clear:after{
    content:"";
    display:block;
    clear:both;
}
```

当在 HTML 中应用浮动时，为了避免浮动元素影响其他元素的排版，还需要为浮动元素清除浮动。清浮动有多种方法，本案例运用 after 伪对象的方式清浮动。在设置为浮动元素的父对象中应用 clear 类样式。

② 设置大盒子的样式。

```
.wrap{
    width:1190px;                        /*设置盒子的宽度*/
    margin:30px auto;                    /*设置上下外边距为 30 px，水平居中显示*/
    border:1px solid #ccc;               /*设置边框的样式*/
    border-top:2px solid #090;           /*先设置四面的边框，再设置特殊的一条边框*/
}
```

③ 设置左中右三个盒子的样式。

```
.left,.center,.right{
    width:396px;                         /*设置三个盒子的宽度*/
    float:left;                          /*三个盒子都设置为左浮动*/
}
.left,.center{
    border-right:1px solid #ccc;         /*设置左中盒子的右边框的样式*/
}
```

④ 设置标题<h3>标签的样式。

```
.wrap h3{
    line-height:56px;                    /*设置标题的行高*/
    padding-left:52px;                   /*设置左内边距，缩进文字，内边距的位置显示背景图*/
    background:#f9f9f9 url(image/headpic.png) no-repeat 20px 0;
                    /*设置用背景的方式设置标题图标，用定位坐标 20 px 0 调整图标的位置*/
}
```

⑤ 设置商品展示区域列表的样式。

```
.wrap ul{padding:10px 10px 0px 10px;}
.wrap ul li{padding-bottom:10px;}
```

⑥ 设置商品展示内容的样式。

```
/*商品图片区域样式*/
.wrap ul li .pic{float:left;             /*三个盒子都设置为左浮动*/
}
```

```
        /*商品描述文字区域样式*/
        .wrap ul li dl{
            width:226px;                    /*商品描述文字区域的宽度*/
            float:left;                     /*设置为左浮动，以使商品描述文字与商品图片并排*/
        }
        /*商品描述标题样式*/
        .wrap ul li dl dt{
            font-size:14px;                 /*设置字体大小为 14p x*/
            font-weight:bold;               /*设置字体加粗*/
            line-height:42px;               /*设置行高为 42 px*/
            padding-left:10px;              /*设置左内边距 1 px*/
            border-bottom:1px solid #ccc;   /*设置下边框的样式*/
            margin:0px 0px 5px 2px;         /*设置上右外边距为 0 px,下外边距为 5 px，左外边距为 2 px*/
        }
        /*商品描述条目的样式*/
        .wrap ul li dl dd{
            font-size:12px;                 /*设置字体大小为 12 px*/
            line-height:22px;               /*设置行高为 22 px*/
            padding-left:12px;              /*设置左内边距 12 px*/
            color:#666;                     /*设置文字颜色*/
        }
        /*特色服务区块的样式*/
        .wrap ul li dl dd .service{
            background:#090;
            padding:4px 4px 2px 4px;color:#FFF;
        }
```

保存代码后，在浏览器中预览，效果如图 6-1 所示。

6. 总结与思考

为了避免浮动元素影响其他元素的排版，还需要为浮动元素清除浮动。清除浮动有多种方法，除本例用到的 after 伪对象清除浮动的方法外，还可以使用空标签清除浮动，空标签清除浮动法是在需要清除浮动的父级元素内部的所有浮动元素后，添加一个空标签清除浮动，其 CSS 代码为：clear:both。例如： ;也可以使用 overflow 属性清除浮动，使用该方法的前提是为需要清除浮动的元素设置具体的高度，其 CSS 代码为：overflow:hidden。

6.3.2　实验 2　商品分类二级菜单

1. 考核知识点

绝对定位。

2. 练习目标

(1) 掌握绝对定位属性的应用。

(2) 理解浮动元素的特性。

(3) 掌握用 hover 伪类的方法。

3. 实验内容及要求

请做出如图 6-5 所示的效果，并在 Chrome 浏览器中测试。

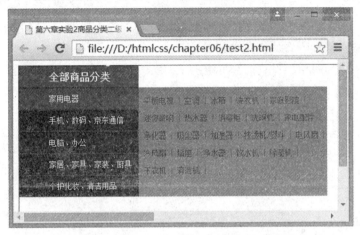

图 6-5　实验 2 效果图

要求：

(1) 当鼠标移动到商品分类一级菜单条目上面时，在右侧显示分类的详细商品品种的二级菜单，分类条目背景色改变成红色。

(2) 分类及商品品种都设有超链接。

(3) 菜单的布局及文字效果如图 6-5 所示。

4. 实验分析

1) 结构分析

菜单在一个大盒子中显示，菜单由菜单标题"全部商品分类"和菜单项条目组成，菜单标题用<h3>标签进行定义，菜单项条目用无序列表<ul>进行定义，每一个菜单项<li>标签里有菜单项名称(商品分类名称)和二级菜单详细商品品种列表。若详细商品品种多，则放在一个盒子<div>标签里显示。结构分析图如图 6-6 所示。

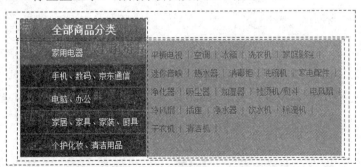

图 6-6　结构分析图

2) 样式分析

(1) 通过最外层的大盒子对页面进行整体控制，需要对其设置宽高、边框及边距等样式。

(2) 为标题<h3>标签设置宽高、边框、背景、边距及文本的样式。

(3) 设置菜单列表样式，去掉列表的默认内外边距，去掉列表项前的默认圆，设置该盒子为相对定位，其目的是为二级菜单详细商品品种列表区的绝对定位作参照的父对象。

(4) 设置一级菜单条目样式，设置高宽、背景、边框及文本样式，超链接的文本样式。

(5) 设置二级菜单盒子的样式，设置高宽、背景，并定位在一级菜单的左侧。将二级菜单先设为隐藏，然后设置二级菜单超链接样式。

(6) 使用伪类:hover 设置鼠标移动到商品分类一级菜单条目上面时的显示效果样式。

5. 实现步骤

(1) 新建 HTML 文档，并保存为 "test2.html"。

(2) 制作页面结构。根据上面的实验分析，使用相应的 HTML 标签来搭建网页结构。代码如下所示：

```
1 <!DOCTYPE html>
2 <html xmlns="http://www.w3.org/1999/xhtml">
3 <head>
4 <meta http-equiv="Content-Type" content="text/html; charset=utf-8" />
5 <title>第六章实验 2 商品分类二级菜单</title>
6 </head>
7 <body>
8 <div id="content">
9     <h3>全部商品分类</h3>
10    <ul>
11       <li>
12          <div class="menu b1">
13             <a href="">平板电视</a>
14             <a href="">空调</a>
15             <a href="">冰箱</a>
16             <a href="">洗衣机</a>
17             <a href="">家庭影院</a>
18             <a href="">迷你音响</a>
19             <a href="">热水器</a>
20             <a href="">消毒柜</a>
21             <a href="">洗碗机</a>
22             <a href="">家电配件</a>
23             <a href="">净化器</a>
24             <a href="">吸尘器</a>
```

```
25              <a href="">加湿器</a>
26              <a href="">挂烫机/熨斗</a>
27              <a href="">电风扇</a>
28              <a href="">冷风扇</a>
29              <a href="">插座</a>
30              <a href="">净水器</a>
31              <a href="">饮水机</a>
32              <a href="">除湿机</a>
33              <a href="">干衣机</a>
34              <a href="">清洁机</a>
35          </div>
36          <span>
37              <a href="">家用电器</a>
38          </span>
39      </li>
40      <li>
41          <div class="menu b2"></div>
42          <span>
43              <a href="">手机、数码、京东通信</a>
44          </span>
45      </li>
46      <li>
47          <div class="menu b3"></div>
48          <span>
49              <a href="">电脑、办公</a>
50          </span>
51      </li>
52      <li>
53          <div class="menu b4"></div>
54          <span>
55              <a href="">家居、家具、家装、厨具</a>
56          </span>
57      </li>
58      <li>
59          <div class="menu b5"></div>
60          <span>
61              <a href="">个护化妆、清洁用品</a></a>
62          </span>
63      </li>
```

```
64      </ul>
65    </div>
66 </body>
67 </html>
```

保存代码后，在浏览器中预览，效果如图 6-7 所示。

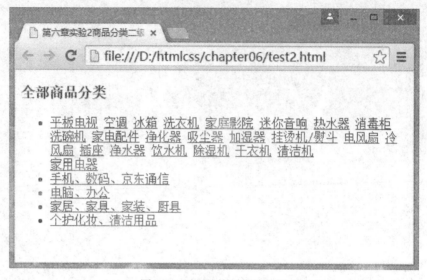

图 6-7　页面结构制作效果图

因每个菜单项的结构相同，即详细商品品种都显示在列表项中的盒子，故本实验只实现了第一个菜单项的二级菜单详细商品品种展示，其他菜单项的详细商品品种分别放在 <div class="menu b2" ></div>、<div class="menu b3" ></div>、<div class="menu b4" ></div> 和 <div class="menu b5" ></div> 中即可。

(3) 定义 CSS 样式。

① 设置大盒子样式。

```
#content{
    width:1200px;
    height:300px;
    border:1px solid #333333;
    margin:0 auto;
}
```

② 设置菜单标题样式。

```
#content h3{
    border:1px solid #333333;
    background:#ff0800;
    width:142px;
    padding-left:48px;margin:0;
    height:32px;line-height:32px;
    font-size:16px;
```

```
        font-family:"微软雅黑";
        font-weight:700;
        color:#ffffff;
    }
```

③ 设置菜单列表样式。

```
ul{
    margin:0;
    padding:0;                  /*设置外边距和内边距均为0，清除列表的默认内外边距*/
    position:relative;          /*设置该盒子为相对定位，其目的是为盒子里面的内容进行绝对定位
                                作参照的父对象*/
    }
    li{list-style-type:none;    /*去掉列表项前的默认圆点*/
}
```

④ 设置一级菜单条目样式。

```
#content ul li{
    border:1px solid #333333;
    width:142px;padding-left:48px;background:#000000;
    height:32px;line-height:32px;
    color:#ffffff;font-size:12px;font-family:"微软雅黑";
}
```

⑤ 设置一级菜单分类条目超链接样式。

```
#content ul li span a{ color:#ffffff; text-decoration:none;}
#content ul li span a:hover{text-decoration:underline;}
```

⑥ 设置二级菜单盒子的样式。

```
#content ul li div.menu{
    width:300px;height:170px;
    background:#00ff00;
    position:absolute;top:0;left:192px;     /*二级菜单盒子定位在一级菜单盒子的右侧*/
    display:none;                           /*隐藏二级菜单*/
}
```

⑦ 设置二级菜单超链接样式。

```
#content ul li div.b1 a{
    font:12px"微软雅黑";text-decoration:none;
    float:left;
    height:12px;line-height:12px;
    border-right:1px solid #666666;
    padding:0 8px;margin-top:15px;          /*设置上外边距实现行之间的距离*/
}

#content ul li div.b1    a:hover{color:#ff0000; text-decoration:underline;}
```

⑧ 设置鼠标移动到商品分类一级菜单条目上面时显示效果样式。

```
#content ul li:hover {background:#ff0000;   /*当鼠标移动到商品分类一级菜单条目上面时，分类
                                            条目背景色改变成红色。*/
}
#content ul li:hover .menu{display:block;   /*当鼠标移动到商品分类一级菜单条目上面时，在右侧
                                            显示分类的详细商品品种的二级菜单*/
}
```

⑨ 设置后续的菜单项样式。

```
#content ul li div.b2,#content ul li div.b4{background:#0033ff;}
```

保存代码后，在浏览器中预览，效果如图 6-5 所示。

6. 总结与思考

浮动元素的特性使内嵌支持高度，支持上下边边距，不设置宽度的时候宽度由内容撑开，代码换行不被解析。把本例中<a>标签中的样式"float:left;"改换成"display:inline-block;"试试效果，效果为什么变了呢？

6.3.3　实验 3　天猫商城右侧通道工具栏

1. 考核知识点

相对定位、绝对定位和固定定位。

2. 练习目标

(1) 理解相对定位、绝对定位和固定定位的含义。
(2) 掌握相对定位属性的应用。
(3) 掌握绝对定位属性的应用。
(4) 掌握固定定位属性的应用。
(5) 灵活运用定位达到控制页面布局的效果。
(6) 掌握使用 hover 伪类的方法。

3. 实验内容及要求

请做出如图 6-8 所示的效果，并在 Chrome 浏览器中测试。

要求：

(1) 工具栏固定在浏览器的最右侧，高度随浏览器高度的变化而变化。

(2) 当鼠标移动到小图标上面时，在左侧显示说明信息，并且将小图标背景色改变成红色。

(3) 在导航中显示的各项布局效果如图 6-8 所示。

图 6-8　实验 3 效果图

4. 实验分析

1) 结构分析

页面结构可以分为在一个大盒子里包括三个小盒子，结构分析如图 6-9 所示，上面部

分盒子内包含两张图片,中间部分和下面部分盒子的内容条目是并列关系,可以用列表进行定义。

2) 样式分析

(1) 通过最外层的大盒子对工具栏进行整体控制,需要对其设置高度、宽度、背景、定位样式。设置固定定位为 "right:0px; top:0px;",使盒子固定在浏览器的右侧。

(2) 设置顶部盒子的样式,对其高度、宽度、背景样式进行设置,并设置定位为相对定位,这是为盒子里面的内容进行绝对定位作参照的父对象。设置上内边距,用以定位盒子里的第一张图片的位置,盒子里的第二张图片设置为绝对定位,并定位在盒子的最底部。

(3) 设置中部、底部的盒子样式,对其高度、宽度进行设置,并且底部的盒子定位在最下方。然后设置列表及列表项的样式,并设置特殊效果的列表项样式。

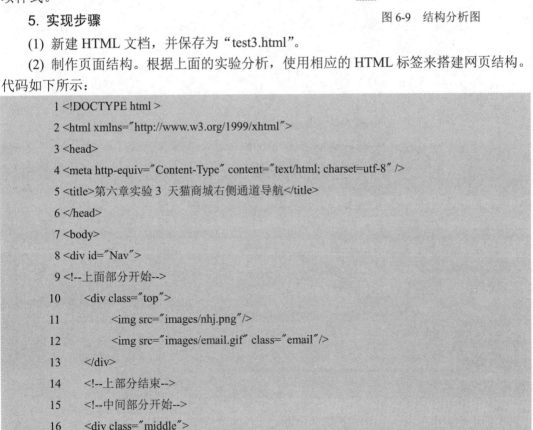

图 6-9 结构分析图

5. 实现步骤

(1) 新建 HTML 文档,并保存为 "test3.html"。

(2) 制作页面结构。根据上面的实验分析,使用相应的 HTML 标签来搭建网页结构。代码如下所示:

```
1 <!DOCTYPE html >
2 <html xmlns="http://www.w3.org/1999/xhtml">
3 <head>
4 <meta http-equiv="Content-Type" content="text/html; charset=utf-8" />
5 <title>第六章实验 3  天猫商城右侧通道导航</title>
6 </head>
7 <body>
8 <div id="Nav">
9 <!--上面部分开始-->
10     <div class="top">
11         <img src="images/nhj.png"/>
12         <img src="images/email.gif" class="email"/>
13     </div>
14     <!--上部分结束-->
15     <!--中间部分开始-->
16     <div class="middle">
17         <ul>
18             <li><img src="images/logo.png" />
```

```
19                    <span>我的特权<font>◆</font></span>
20               </li>
21               <li class="go"><img src="images/go.png" />购<br/>物<br/>车</li>
22               <li><img src="images/money.png" />
23                    <span>我的资产<font>◆</font></span>
24               </li>
25               <li><img src="images/xin.png" />
26                    <span>我关注的品牌<font>◆</font></span>
27               </li>
28               <li><img src="images/start.png" />
29                    <span>我的收藏<font>◆</font></span>
30               </li>
31               <li><img src="images/see.png" />
32                    <span>我看过的<font>◆</font></span>
33               </li>
34          </ul>
35     </div>
36     <!--中间部分结束-->
37     <!--下部分面开始-->
38     <div class="bottom">
39          <ul>
40               <li><img src="images/ly.png" />
41                    <span>用户反馈<font>◆</font></span>
42               </li>
43               <li><img src="images/weixin.png" />
44                    <span class="erwm"><img src="images/erwm.png" /></span>
45               </li>
46               <li><img src="images/top.png" />
47                    <span>返回顶部<font>◆</font></span>
48               </li>
49          </ul>
50     </div>
51     <!--下部分面结束-->
52 </div>
53 </body>
54 </html>
```

　　保存代码后，在浏览器中预览，效果如图 6-10 所示(线条是白色，底色是透明的图片，在网页背景为白色的情况下不可见)。

图 6-10　页面结构制作效果图

(3) 定义 CSS 样式。搭建完页面的结构后，接下来使用 CSS 对导航条的样式进行修饰。采用从整体到局部，从上到下的方式实现图 6-8 所示的效果。

① 样式重置。

```
*{padding:0px; margin:0px;}        /*清除所有标签的默认内外边距，重置为 0*/
```

② 设置大盒子的样式。

```
#Nav{
    width:35px;          /*宽度*/
    height:100%;
    /*高度跟浏览器的高度保持一致*/
    background:#000;     /*背景颜色*/
    position:fixed;      /*固定定位*/
right:0px; top:0px;      /*盒子固定在浏览器的右侧*/
}
```

③ 设置顶部盒子的样式。

```
#Nav .top{
    width:35px; height:150px; background:#d8002d;
    padding-top:70px;    /*使该盒子里的第一张图片距离盒子顶部 70px*/
    position:relative;   /*设置该盒子为相对定位，是为盒子里面的内容进行绝对定位作参照的父对象*/
}
```

④ 顶部盒子的内容样式。第一张图片通过大盒子的上内边距的设置已经定位好了，第二张图片定位在盒子的最底部。

```
#Nav .top img.email{position:absolute;right:0px; bottom:0px;}
```

⑤ 中、底部分盒子的样式。

```
#Nav .middle{width:35px; height:310px; }
#Nav .bottom{
    width:35px; height:110px;
    position:absolute;            /*该盒子设置绝对定位，大盒子已设置了固定定位，所以参考父
                                    对象是大盒子*/
    right:0px; bottom:0px;        /*定位大盒子的最底部*/
}
```

⑥ 设置列表的样式。中、底盒子的内容条目是用列表定义，鼠标移到列表上显示的内容用<span>标签定义，样式设置如下：

```
#Nav ul li{
    list-style-type:none;          /*去掉列表项前的默认圆点*/
    font-family:"微软雅黑"; font-size:12px; color:#fff;
    text-align:center;
    width:35px;
    position:relative;             /*设置列表项盒子为相对定位，是为了列表项盒子里面的内容进行
                                     绝对定位，作为参照的父对象*/
}
#Nav    ul li span{
    width:90px; height:35px; background:#aaaaaa; display:block;
    line-height:35px;
    position:absolute; top:0px;left:-90px;    /*定位到列表项的最左侧*/
    display:none;                  /*<span>标签定义的内容是当鼠标移动到列表条目时显示，这里先
                                     设置为隐藏*/

}
```

⑦特殊效果的列表项样式设置。"购物车"条目效果设置：

```
#Nav ul li.go{
    border-top:1px solid #aaa;
    border-bottom:1px solid #aaa;   /*购物车上下边的分隔线*/
    padding-bottom:5px;}
```

"小三角"效果设置：

```
#Nav ul li span font{
    color:#aaaaaa;
    font-size:16px;
    font-family:"宋体";
    position:absolute;   /*通过定位，隐藏符号的一半，来制作三角符号*/
```

```
        right:-8px;

        top:1px;

    }
```

"二维码"显示效果设置：

```
#Nav    ul li span.erwm{

    width:175px;

    height:175px;

    background:#aaaaaa;

    position:absolute;    /*绝对定位*/

    top:-100px;

    left:-175px;

    }
```

⑧ 鼠标移动到条目上时显示的效果设置。

```
#Nav ul li:hover {background:#ff0066;    /*改变背景色*/}

#Nav ul li:hover span{display:block;        /*该列表项中<span>标签的内容显示*/}
```

保存代码后，在浏览器中预览，效果如图 6-8 所示。

6. 总结与思考

绝对定位的元素，相对于最近的已经定位(绝对、固定或相对定位)的父元素进行定位。若所有父元素都没有定位，则依据文档对象(浏览器窗口)进行定位。试一试若不设置<li>的相对定位"position:relative;"，效果怎么样？为什么会这样？

第7章　表格与表单

7.1　知识点梳理

1. 表格

(1) 表格。表格分为头部、主体和尾部三大部分，每部分均由行组成，每行被分割成若干个单元格。单元格就像一个容器，可以包含文本、图片、列表、段落、表单、水平线和表格等。

(2) 表格定义标签。

① 表格由<table>标签来定义。

② 表格头由<thead>标签来定义。

③ 表格主体由<tbody>标签来定义。

④ 表格尾由<tfoot>标签来定义。

⑤ 每个表格均有若干行，行由<tr>标签定义。

⑥ 每行被分割为若干单元格，单元格由<td>标签定义。

(3) 单元格<td>标签的属性。

① colspan 属性用来定义单元格可横跨的列数(横向合并单元格)，例如：

```
<td colspan="2"></td>
```

② rowspan 属性用来定义单元格可纵跨的行数(纵向合并单元格)，例如：

```
<td rowspan="2"></td>
```

(4) CSS 样式控制表格。

① border-collapse：用于设置表格边框是否合并。取值为 separate(默认值)时，边框会被分开；取值为 collapse 时，边框会合并为单一的边框。

② 可以使用 CSS 样式控制表格及单元格的字体、边框、背景和边距等。

③ 使用样式控制表格时的注意事项：不要给<table>、<th>、<td>以外的表格标签加样式，需要给<table>、<th>、<td>重置默认样式：

```
table{border-collapse:collapse;} th,td{padding:0;};
```

<table>标签的宽度决定了整个表格的宽度，单元格默认宽度是平分表格的宽度，单元格设定的宽度值会被转换成百分比；<th>标签里面的内容默认加粗并且上下左右匀居中显示，<td>标签里面的内容默认上下居中水平居左显示；表格里面的每一列必须有宽度；表格同一列和同一行宽高会默认选择最大值。

2. 表单

(1) 表单。表单是网页上用于输入信息的区域，可以用来收集和传递信息到服务器。由表单控件接收信息的输入，由表单的 action 属性把信息传递到服务器。

(2) 创建表单。创建表单的基本语法格式如下：

<form action="url 地址" method="提交方式" name="表单名称">表单控件元素 </form>

表单的属性如表 7-1 所示。

表 7-1　表 单 的 属 性

属性名	属性功能及属性值说明
action	设置接收并处理表单数据的服务器程序的 url 地址
method	设置表单数据的提交方式，其取值为 get 或 post
name	设置表单的名称
novalidate	设置在提交表单时取消对表单进行有效的检查验证
autocomplete	设置表单是否有自动完成功能，其取值为 on 或 off

(3) 表单控件元素。表单是一个包含表单元素的区域，表单元素是允许用户在表单(例如：文本框、单选框、复选框、下拉列表等)中输入信息的元素。

3. 表单控件元素

(1) <input/>控件。其基本语法格式为

<input   type="…"   name="…"   value="…"/>

其中 name 属性用于定义控件的名称；value 属性用于定义控件中的默认文本值；type 属性取值及与其配合使用的属性如表 7-2 如示。

表 7-2　type 属 性

type 值	显示状态及功能	配合使用的属性及描述
text	单行文本输入框	maxlength 属性：允许输入的最多字符数 readonly 属性：该控件内容为只读，不能编辑修改 size 属性：控件在页面中占有的宽度 例：<input type="text" name="" value="张三"maxlength="6" readonly />
password	密码输入框	maxlength 属性,size 属性 例：<input type="password" name=""size="40" />
radio	单选按钮	checked 属性：在页面加载时就默认选定 例：<input type="radio" name="gender" id="a" /><label for="a">男</label>
checkbox	复选框	checked 属性：在页面加载时就默认选定 例：<input type="checkbox" name="" checked />
submit	提交按钮	disabled 属性：第一次加载页面时显示为灰色，不能使用 例：<input type="submit" disabled />
image	图像的提交按钮	disabled 属性 例：<input src="sun.jpg" type="image" name="" />

type 值	显示状态及功能	配合使用的属性及描述
reset	重置按钮	disabled 属性 例：\<input　type="reset" name="" disabled /\>
button	普通按钮	disabled 属性 例：input　type="button" name=""　disabled/\>
file	出现一个文本框和一个"浏览…"按钮，是用来填写文件路径或通过"浏览…"按钮选择文件	accept 属性：可用于指定上传文件的 MIME 类型 例：\<input id="picture" type="file" accept="image/gif, image/jpg,image/png"\>
hidden	隐藏域不可见	例：\<input　type="hidden" name="" /\>
email	输入 E-mail 地址	用来验证email 输入框的内容是否符合Email 邮件地址格式；如果不符合，将提示相应的错误信息
tel	输入电话号码的文本框	pattern 属性：用正则来验证电话号码的格式 例：\<input id="phone" type="tel" required pattern="^1 [3|4|5|8][0-9]\d{8}$"\>
url	输入 URL 地址的文本框	用来验证输入的值是否符合 URL 地址格式，如果不符合，将提示相应的错误信息
number	输入数值的文本框，用来验证该输入框中的内容是否为限定范围内数字	value 属性：指定输入框的默认值 max 属性：指定输入框可以接受的最大的输入值 min：指定输入框可以接受的最小的输入值 step：步幅，如果不设置，默认值是 1 例：\<input type="number" name="age"　value="1" min= "18" max="30" step="1"/\>\<br\>
range	在网页中显示为滑动条，提供指定范围内的数值输入	min 属性：设置最小值 max 属性：设置最大值 step 属性：指定每次滑动的步幅 例：\<input type="range" min="18" max="30" /\>
日期选择器：date, month, week,time, datetime, datetime-local	提供了多个可供选取日期和时间的输入类型，用于验证输入的日期	date 类型：选取日、月和年 month 类型：选取月和年 week 类型：选取周和年 time 类型：选取时间(小时和分钟) datetime 类型：选取时间、日、月和年(UTC 时间) datetime-local 类型：选取时间、日、月、年(本地时间) 例：\<input type="date"/\>\<input type="month"/\>
search	输入搜索关键词的文本框	—
color	用于设置颜色的文本框，单击该框，打开拾色器面板，可视化选取一种颜色	value 属性：该值可以更改默认颜色 例：\<input type="color" value="#ff0000"/\>

　　<input/>除了 type 属性，还有其他一些常用属性，<input/>控件常用属性如表 7-3 所示。

表 7-3　input 控件常用属性

属性	允许取值	取值说明
name	字符串	控件的名称
value	字符串	input 控件中的默认文本值
size	正整数	input 控件在页面中的显示宽度
readonly	readonly	该控件内容为只读，不能编辑
disabled	disabled	第一次加载页面时该控件显示为灰色，该控件禁用
checked	checked	设置该选择控件默认被选中的项
maxlength	正整数	设置控件允许输入的最多字符数
autocomplete	on/off	设置是否自动完成表单字段内容
autofocus	autofocus	设置页面加载后该控件是否自动获取焦点
required	required	规定输入框填写的内容不能为空
placeholder	字符串	为输入框提供提示信息
min、max 和 step	数值	规定输入框所允许的最大值、最小值及间隔
multiple	multiple	指定输入框是否可以选择多个值
list	datalist 元素的 id 值	指定字段的候选数据值列表
pattern	正则表达式	验证输入的内容是否与定义的正则表达式匹配
form	form 元素的 id	设置该控件属于哪个表单

　　(2) <textarea>文本域控件。<textarea>文本域控件是多行文本输入框，定义文本域的基本语法格式如下：

```
<textarea cols="每行中的字符数" rows="显示的行数"  name="">
```

　　默认显示的文本内容如下：

```
</textarea>
```

　　textarea 文本域控件的常用属性包括：cols 属性设置生行中的字符数，rows 属性设置显示的行数；extarea 文本域控件除了 cols、rows 属性，它的常用属性还有如表 7-3 所示的 name、maxlength、placeholder、autofocus、disabled、readonly、required 等属性。

　　(3) select 控件。select 控件可创建单选或多选列表，基本语法格式如下：

```
<select>
    <option>选项 1</option>
    <option>选项 2</option>
    <option>选项 3</option>
    …
</select>
```

其中，<select></select>标签用于定义一个下拉列表。<option></option>标签嵌套在<select></select>标签中，用于定义下拉列表中的具体选项。

　　<select>标签常用属性包括：size，用于定义下拉列表的可见选项个数；multiple，用于定义 multiple="multiple"时，可按下 Ctrl 键的同时选择多项。

　　<option>常用属性 selected：定义 selected =" selected "时，当前项即为默认选中项。

　　(4) <label>标签。<label>标签用来为 input 元素定义标注，定义格式如下：

> <input type="" name="" id="a"/><label for="a">...</label>

其中，for 属性用来指定关联的元素，<label>标签的 for 属性应当与相关联的元素的 id 属性相同。<label>标签不会向用户呈现任何特殊效果。不过，它为鼠标用户改进了可用性，只要在<label>标签内点击文本，就会触发关联的元素。也就是说，当用户选择该标签时，浏览器就会自动将焦点转到和标签相关联的表单元素上。

　　(5) <datalist>标签。<datalist>标签用于定义 input 元素可能的值，需要设置<input>标签的 list 属性值等于<datalist>标签的 id 属性值。当 input 元素获得焦点时，这些可能的值以列表的形式显示，列表通过<datalist>标签内的<option>标签来创建。

4. 表单样式

　　(1) CSS 控制表单样式。表单是块级元素，表单里的控件也有块级元素特性，所以可以使用 CSS 控制表单控件的边框、背景和内外边距等。

　　(2) 表单选择器。CSS3 提供了选择表单元素不同状态下的元素选择器，如表 7-4 所示。

表 7-4　表 单 选 择 器

选择器	选择器功能
:focus	匹配处于获得焦点状态下的元素
:enabled	选择可用状态的表单元素
:disabled	选择不可用状态的表单元素
:checked	选择被选中的单选按钮和复选框的 input 元素
:default	匹配默认元素
:valid	根据输入数据验证，匹配有效的 input 元素
:invalid	根据输入数据验证，匹配无效的 input 元素
:in-range	匹配在指定范围之内受限的 input 元素
:out-of-range	匹配在指定范围之内之外受限的 input 元素
:read-only	用来设置处于只读状态元素的样式
:read-write	用来设置当元素处于非只读状态时的样式
::selection	用来匹配突出显示的文本(用鼠标选择文本时的文本)

7.2　基 础 练 习

　　1. 在 HTML 语言中，_____标签用于定义表格。

　　2. 在表格同一行中的单元格定义了不同的高度，最终的高度将取其中的_____值。

3. <input type="…" name="" value="" /> ，请根据 type 的值的描述，填写 type 的具体取值。type="_____"表示单行文本输入框，type="_____"表示密码输入框，type="_____"表示单项选择按钮，type="_____"表示多项选择框，type="_____"表示普通按钮，type="_____"表示提交按钮，type="image"表示图片提交按钮，type="_____"表示上传文件域，type="_____"表示重置按钮。

4. <textarea>标签的_____属性和_____属性是必需的属性。

5. <input type="text" name="" id="phone"/><label for="_____">…</label>

6. 定义一个每行能输入 20 个汉字，能输入 5 行的多行文本输入框的语句：_____
_____。

7. 定义一个能显示 5 个选项的下拉列表语句：_____。

8. 表单标签的常用属性有_____。

9. 设置表单是否有自动完成功能的属性是_____。

10. <input>标签可以通过_____属性定义多种不同类型的表单控件。

11. 页面加载后设置是否自动获取焦点的 input 属性是_____。

12. 为 input 的输入框类型提供一种提示的属性是_____。

13. 设置输入框填写的内容不能为空的 input 属性是_____。

14. 页面加载时禁用某个控件(显示为灰色)的属性是_____。

15. 下拉列表定义选中项的属性是_____。

16. 定义输入选项列表的标签是_____。

17. input 元素的 number 类型属性有_____。

7.3 动 手 实 践

7.3.1 实验 1 信用评价表格

1. 考核知识点
表格创建及表格的样式设置。

2. 练习目标
(1) 掌握创建表格的方法。
(2) 掌握表格相关属性的设置。
(3) 掌握合并单元格的方法。
(4) 掌握<th>、<tr>、<td>标签的用法。
(5) 掌握<th>、<tr>、<td>的常用属性。

3. 实验内容及要求
请做出如图 7-1 所示的效果，并在 Chrome 浏览器中测试。
要求：
(1) 创建宽为 600 px 的表格，表格有 7 列 10 行，其中表格标题占 1 行，卖家信用和买家信用各占 4 行，中间有一空行，如图 7-1 所示。

(2) 表格标题设置为灰色的背景。

(3) 评价中的好、中、差用给定的图片表示。

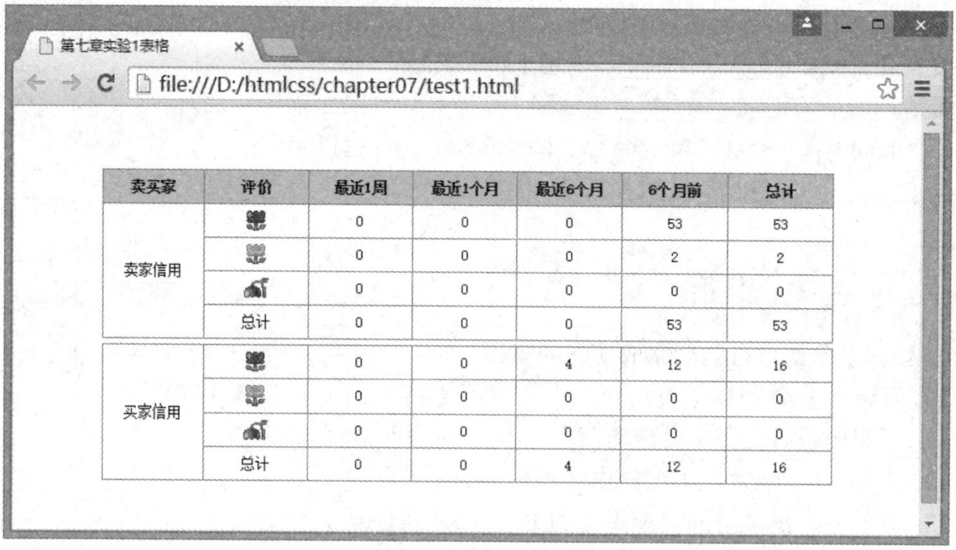

图 7-1　实验 1 效果图

4. 实验分析

1) 结构分析

创建表格首先要分析表格有多少行和列，表格的行列以最大数算，然后通过合并单元格，制作出各种效果的表格。本实验从效果图可以分析出，表格有 10 行 7 列，中间的空白行可通过合并一行单元格制作出来。"卖家信用"和"买家信用"所占单元格是通过纵向合并单元格制作出来。

2) 样式分析

(1) 设置表格的样式进行整体控制，需对表框的宽度、外边距进行设置。

(2) 设置表格标题的背景及单元格的边框、文字对齐样式。

(3) 设置中间行无边框，制作出空行。

5. 实现步骤

(1) 新建 HTML 文档，并保存为"test1.html"。

(2) 制作页面结构。根据上面的实验分析，使用相应的 HTML 标签来搭建网页结构。

代码如下所示：

```
1 <!DOCTYPE html>
2 <html>
3 <head>
4 <meta http-equiv="Content-Type" content="text/html; charset=utf-8">
5 <title>第七章实验 1 表格</title>
6 </head>
7 <body>
```

```
 8 <table class="tab">
 9    <tbody>
10      <tr>
11        <th width="90">卖买家</th>
12        <th width="90">评价</th>
13        <th width="90">最近 1 周</th>
14        <th width="90">最近 1 个月</th>
15        <th width="90">最近 6 个月</th>
16        <th width="90">6 个月前</th>
17        <th width="90">总计</th>
18      </tr>
19      <tr>
20        <td rowspan="4" width="90">卖家信用</td>
21          <td><img src="image/better.png" alt="好评" title="好评"/></td>
22        <td>0</td>
23        <td>0</td>
24        <td>0</td>
25        <td>53</td>
26        <td>53</td>
27      </tr>
28      <tr>
29        <td><img src="image/mid.png" alt="中评" title="中评"/></td>
30        <td>0</td>
31        <td>0</td>
32        <td>0</td>
33        <td>2</td>
34        <td>2</td>
35      </tr>
36        <tr>
37        <td><img src="image/bad.png" alt="差评" title="差评"/></td>
38        <td>0</td>
39        <td>0</td>
40        <td>0</td>
41        <td>0</td>
42        <td>0</td>
43      </tr>
44        <tr>
45        <td>总计</td>
46        <td>0</td>
```

```
47          <td>0</td>
48          <td>0</td>
49          <td>53</td>
50          <td>53</td>
51      </tr>
52      <tr>
53          <td colspan="7" class="none"></td>
54      </tr>
55      <tr>
56          <td rowspan="4" width="90">买家信用</td>
57          <td><img src="image/better.png" alt="好评" title="好评"/></td>
58          <td>0</td>
59          <td>0</td>
60          <td>4</td>
61          <td>12</td>
62          <td>16</td>
63      </tr>
64      <tr>
65          <td><img src="image/mid.png" alt="中评" title="中评"/></td>
66          <td>0</td>
67          <td>0</td>
68          <td>0</td>
69          <td>0</td>
70          <td>0</td>
71      </tr>
72      <tr>
73          <td><img src="image/bad.png" alt="差评" title="差评"/></td>
74          <td>0</td>
75          <td>0</td>
76          <td>0</td>
77          <td>0</td>
78          <td>0</td>
79      </tr>
80      <tr>
81          <td>总计</td>
82          <td>0</td>
83          <td>0</td>
84          <td>4</td>
85          <td>12</td>
```

```
86        <td>16</td>
87      </tr>
88    </tbody>
89 </table>
90 </body>
91 </html>
```

保存代码后，在浏览器中预览，效果如图 7-2 所示。

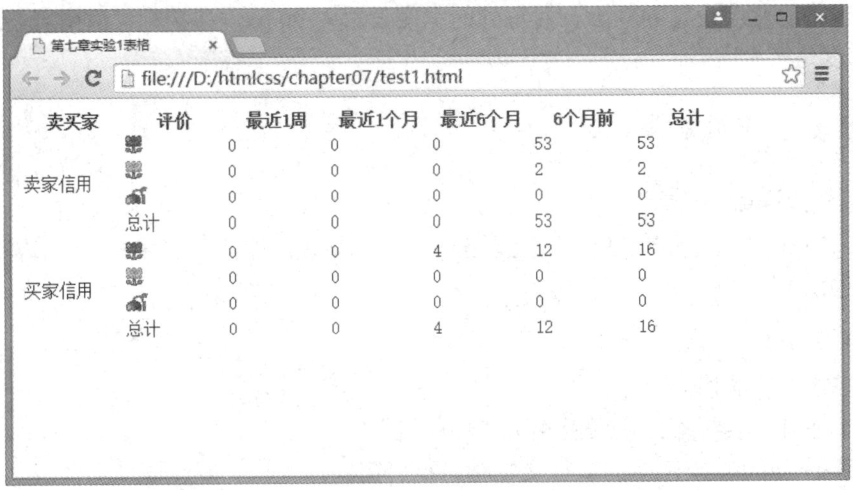

图 7-2　页面结构制作效果图

(3) 定义 CSS 样式。

① 样式重置。重置表格的默认样式。

```
th,td{padding:0;}
table{border-collapse:collapse;   /*边框会合并为一个单一的边框*/
}
```

② 设置表格样式。

```
.tab{ width:600px; margin:50px auto;}
```

③ 设置表题和单元格的边框公共样式。

```
.tab th,.tab td{
    border:1px solid #999;
    height:26px;
    font-size:12px;
}
```

④ 设置表题的背景及单元格的文字内容的对齐方式。

```
.tab th{background:#CCC}
.tab td{text-align:center;}
```

⑤ 设置图片的对齐方式。

```
img{vertical-align:top;}
```

⑥ 设置表格中间空行的样式。

```
.tab .none{border:none; height:4px;    /*设置该行没有边框后，显示成空行*/
    }
```

保存代码后，在浏览器中预览，效果如图 7-1 所示。

6. 总结与思考

(1) <table>标签设置样式"border-collapse:collapse;"，单元格边框会合并为一个单一的边框，去掉"border-collapse:collapse;"，试试效果。

(2) 表格的宽度设置 600 px，而每列的宽度设置为 90 px，共 7 列，请问表格最终显示所占的宽度是多少呢？

7.3.2　实验 2　宝贝发布表单

1. 考核知识点

表单<form>、<input/>控件、<textarea>控件、<select>控件、用 CSS 控制表单及表单元素的样式。

2. 练习目标

(1) 掌握表单的构成。

(2) 掌握<form>标签的用法及相关属性的设置。

(3) 掌握<input/>控件中的单行文本输入框、密码输入框、复选框、文件域、按钮的属性设置及使用方法。

(4) 掌握<textarea>、<select>等控件的属性设置及使用方法。

(5) 掌握<abel>标签的属性设置及使用方法。

(6) 熟悉表格的布局。

3. 实验内容及要求

请做出如图 7-3 所示的效果，并在 Chrome 浏览器中测试。

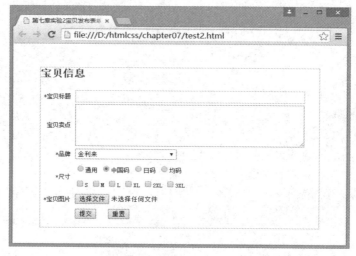

图 7-3　实验 2 效果图

要求：

(1) 要求运用表格和表单组织页面。

(2) 根据需要录入信息的特点，选择相应的控件制作。

4. 实验分析

1) 结构分析

从效果图可以看出界面整体包在一个大盒子中，内容部分可以分为上面的标题和下面的表单两部分。其中表单部分排列整齐，由左右两部分构成，左边为提示信息，右边为对应的表单控件。表单部分可以用表格来布局，需要定义一个 7 行 2 列的表格。

宝贝标题、尺寸、宝贝图片、提交和重置按钮用<input/>标签定义；宝贝卖点需要录入多行信息，通过<textarea>控件定义多行文本框；品牌用下拉列表<select>控件定义。

2) 样式分析

(1) 通过最外层的大盒子对页面进行整体布局，需要对其设置高度、宽度、边框、外边距样式。

(2) 设置标题字体大小及下内边距来控制标题的位置。

(3) 设置左侧提示信息列的宽度及对齐样式。

(4) 对部分控件进行样式设置，调整控件的布局效果。

5. 实现步骤

(1) 新建 HTML 文档，并保存为"test2.html"。

(2) 制作页面结构。根据上面的实验分析，使用相应的 HTML 标签来搭建网页结构。代码如下所示：

```
 1 <!DOCTYPE html >
 2 <html>
 3 <head>
 4 <meta http-equiv="Content-Type" content="text/html; charset=utf-8" />
 5 <title>第七章实验 2 宝贝发布表单</title>
 6 </head>
 7 <body>
 8 <div id="box">
 9     <h2 class="header">宝贝信息</h2>
10     <form action="#" method="post">
11     <table>
12         <tr>
13             <td class="left"><span class="red">*</span>宝贝标题</td>
14             <td><input type="text" value="" class="txt01" maxlength="60"/></td>
15         </tr>
16         <tr>
17             <td class="left">宝贝卖点</td>
18             <td><textarea cols="60" rows="5" class="message"></textarea></td>
```

```
19          </tr>
20           <tr>
21          <td class="left"><span class="red">*</span>品牌</td>
22            <td>
23              <select class="brand">
24                  <option>花花公子</option>
25                  <option selected="selected">金利来</option>
26                    <option>七匹狼</option>
27                 </select>
28              </td>
29          </tr>
30          <tr>
31          <td class="left" rowspan="2"><span class="red">*</span>尺寸</td>
32          <td>
33                  <input type="radio" name="sex" id="ty" />
34                  <label for="ty">通用</label>
35                  <input type="radio" name="sex" id="zgm" checked/>
36                  <label for="zgm">中国码</label>
37                  <input type="radio" name="sex" id="rm" />
38                  <label for="rm">日码</label>
39                  <input type="radio" name="sex" id="f" />
40                  <label for="f">均码</label>
41            </td>
42          </tr>
43          <tr>
44            <td>
45            <input type="checkbox" id="s"/><label for="s">S</label>
46            <input type="checkbox" id="m"/> <label for="m">M</label>
47            <input type="checkbox" id="l"/><label for="l">L</label>
48            <input type="checkbox" id="xl"/> <label for="xl">XL</label>
49            <input type="checkbox" id="xxl"/><label for="xxl">2XL</label>
50            <input type="checkbox" id="xxxl"/>
51            <label for="xxxl">3XL</label>
52            </td>
53          </tr>
54          <tr>
55          <td class="left"><span class="red">*</span>宝贝图片</td>
56              <td><input type="file" /></td>
57          </tr>
```

```
58              <tr>
59                <td> </td>
60                  <td><input type="submit" value="提交"/>  
61                    <input type="reset" value="重置"/></td>
62                </tr>
63            </table>
64        </form>
65  </div>
66  </body>
67  </html>
```

保存代码后，在浏览器中预览，效果如图 7-4 所示。

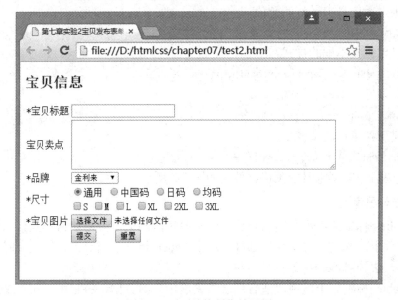

图 7-4　页面结构制作效果图

(3) 定义 CSS 样式。搭建完页面的结构后，接下来使用 CSS 样式进行修饰。采用从整体到局部，从上到下的方式实现图 7-3 所示的效果。

① 样式重置及全局样式设置。

```
*重置浏览器的默认样式*/
body,h2,form,table{ padding:0; margin:0;}
table{border-collapse:collapse; }
/*全局控制*/
body{font-size:12px; font-family:"宋体";
}
```

② 控制最外层的大盒子。

```
#box{
    width:550px; height:340px;
    border:1px solid #CCC;
```

　　　　　　margin:50px auto 0;}

③ 控制标题。

　　.header{font-size:22px; padding-bottom:20px;}

④ 设置表格行高。

　　td{height:30px;}

⑤ 左侧提示信息列样式。

　　.left{

　　　　width:60px;

　　　　text-align:right;　　/*使提示信息居右对齐*/

　　　　padding-right:8px;　　/*拉开提示信息和表单控件间的距离*/

　　}

⑥ 控制提示信息中星号的颜色。

　　.red{ color:#F00;}

⑦ 定义单行文本框的样式。

　　.txt01{ width:450px;height:22px;border:1px solid #CCC;}

⑧ 定义多行文本框的样式。

　　.message{padding:6px;}

⑨ 定义下拉菜单的宽度。

　　.brand{ width:200px;height:22px;}

保存代码后，在浏览器中预览，效果如图 7-3 所示。

6. 总结与思考

(1) ＜label＞标签的作用是当用户选择该标签时，浏览器会自动将焦点聚焦到和标签相关的表单控件上。本实验中尺寸的选择使用了＜label＞标签，当点击说明文字时，前面的选择框被选中。去掉＜label＞标签试试效果。

(2) ＜table＞标签用于展现"适合用表格来展示"的数据，将它用于布局是因为其良好的内容自适应及居中、对齐等属性省去了很多代码，适用于"页面一旦生成，表格内容就不再变化"的情况，表格尽量只用于呈现数据。

7.3.3　实验 3 服装上线申请登记表

1. 考核知识点

表单相关选择器、input 元素的属性、select 元素的属性、用 CSS 控制表单及表单元素的样式。

2. 练习目标

(1) 掌握 input 元素、select 元素的各种属性的设置及使用方法。

(2) 掌握表单相关选择器的应用。

3. 实验内容及要求

请做出如图 7-5 所示的效果，并在 Chrome 浏览器中测试。

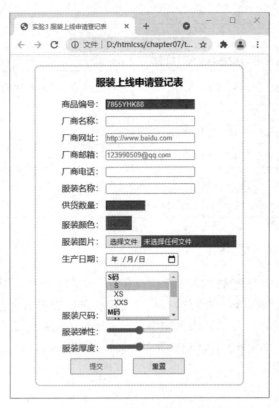

图 7-5 实验 3 效果图

要求：

(1) 不能用表格来布局。

(2) 根据需要录入信息的特点，合理选择相应的控件制作。

(3) 填写每项要求，如表 7-5 所示。

表 7-5 填 写 项 要 求

填写项	对应控件的内容格式要求
商品编号	默认值为：7855YHK88，内容只读，背景色为绿色，字体色为白色
厂商名称	必填
厂商网址	必填，提示信息内容为：http: //www.baidu.com，要求有格式验证功能
厂商邮箱	必填，提示信息内容为：123990509@qq.com，要求有格式验证功能
厂商电话	必填，要求有手机号码格式验证功能
服装名称	必填
供货数量	必填，数值的范围在 1～1000 之间，当录入的数据在这个范围内时，字体色为白色，背景为绿色；当超出这个范围时，背景色变红色
服装颜色	必填，能调出颜色面板，选择颜色
服装图片	必填，能调出打开文件对话框来选择图片文件。图片默认类型为 jpg，png，jpeg 格式

续表

填写项	对应控件的内容格式要求
生产日期	必填，能调出日期面板，选择日期
服装尺码	尺码分为 S 码：S、XS、XXS；M 码：M；L 码：L、XL、XXL，要求下拉列表按 S、M、L 码分组显示，并且尺码可以多选，默认选择 S、M、L 码
服装弹性	通过滑动滑动条的上滑块来设置弹性程度
服装厚度	通过滑动滑动条的上滑块来设置厚薄的程度
＊	所示填写项都要求：当获得焦点录入状态时，录入框变大，字体为白色，初始背景为红色，当录入信息符合要求时变成绿色

4. 实验分析

1) 结构分析

从效果图可以看出界面整体包在一个大盒子中，内容部分可以分为上面的标题和下面的表单两部分。其中表单内容一行行排列整齐，每行左边为提示信息，右边为对应的表单控制，要求不能用表格，可以用列表来制作，列表项左边的提示信息用<label>标签，右边用对应的表单控制，除尺码用<select>控件以外，其他都用<input/>控件，根据录入项信息特点设置<type>属性值。

2) 样式分析

(1) 通过最外层的大盒子对页面进行整体控制，需要对其设置高度、宽度、边框、圆角、内外边距等样式。

(2) 设置标题样式为标题居中。

(3) 按要求设置需要填写内容的样式。

5. 实现步骤

(1) 新建 HTML 文档，并保存为 "test3.html"。

(2) 制作页面结构。根据上面的实验分析，使用相应的 HTML 标签来搭建网页结构。代码如下所示：

```
1<!DOCTYPE html>
2<html>
3<head>
4   <title>实验 3 服装上线申请登记表</title>
5 </head>
6<body>
7  <form id="apply" action="#" method="get">
8    <h3>服装上线申请登记表</h3>
9    <ul>
10      <!-- 无序列表 -->
11      <li>
```

```
12        <label for="serialNumber">商品编号: </label>

13        <!-- <label> 标签的 for 属性设置与相关控件的 id 属性相同 -->

14        <input type="text" id="serialNumber" readonly value="7855YHK88">

15        <!--type="text": 普通文本框 ; readonly: 只读-->

16    </li>

17    <li>

18        <label for="name">厂商名称: </label>

19        <input id="name" type="text" name="goodname" required>

20        <!-- required:该项必填 -->

21    </li>

22    <li>

23        <label for="url">厂商网址: </label>

24        <input id="url" type="url" placeholder="http://www.baidu.com" required>

25        <!--type="url": url 地址框; placeholder: 提示信息 -->

26    </li>

27    <li>

28        <label for="email">厂商邮箱: </label>

29        <input id="email" type="email" placeholder="123990509@qq.com" required>

30        <!-- type="email"; Email 地址框 -->

31    </li>

32    <li>

33        <label for="phone">厂商电话: </label>

34        <input id="phone" type="tel" required pattern="^1[3|4|5|8][0-9]\d{8}$">

35        <!--pattern="^1[3|4|5|8][0-9]\d{8}$" 用于验证手机号的正则表达式 -->

36    </li>

37    <li>

38        <label for="tradename">服装名称: </label>

39        <input id="tradename" type="text" required>

40    </li>

41    <li>

42        <label for="number">供货数量: </label>

43        <input id="number" type="number" min="1" max="1000" required>

44        <!-- type="number": 数字输入框 -->

45    </li>

46    <li>

47        <label for="color">服装颜色: </label>

48        <input id="color" type="color" value="#ff0000" required>

49        <!-- type="color": 颜色选择控件 -->

50    </li>
```

```
51      <li>
52        <label for="picture">服装图片：</label>
53        <input id="picture" type="file" accept="image/jpeg,image/jpg,image/png" required>
54        <!-- type="file"：文件选择控件；  accept="image/jpeg,image/jpg,image/png"：接受的
          文件类型 -->
55      </li>
56      <li>
57        <label for="date">生产日期：</label>
58        <input id="date " type="date" required>
59        <!--type="date"：日期选择控件 -->
60      </li>
61      <li>
62        <label for="size">服装尺码：</label>
63        <select multiple required size="5">
64          <!-- 下拉选择框  multiple：可选择多个值 -->
65          <optgroup label="S 码">
66            <!-- optgroup：标签定义选项组，对选项进行分组 -->
67            <option value="S" selected>S</option>
68            <!-- selected：规定在页面加载时预先选定该选项。 -->
69            <option value="XS">XS</option>
70            <option value="XXS">XXS</option>
71          </optgroup>
72          <optgroup label="M 码">
73            <option value="M" selected>M</option>
74          </optgroup>
75          <optgroup label="L 码">
76            <option value="L" selected>L</option>
77            <option value="XL">XL</option>
78            <option value="XXL">XXL</option>
79          </optgroup>
80        </select>
81      </li>
82      <li>
83        <label for="elastic">服装弹性：</label>
84        <input id="elastic" type="range" required>
85        <!-- type="range"：滑动条，提供指定范围内的数值输入 -->
86      </li>
87      <li>
88        <label for="thickness">服装厚度：</label>
```

```
89        <input id="thickness" type="range" required>
90      </li>
91      <li>
92        <button type="submit">提交</button>
93        <!-- submit：提交按钮，该按钮将所有表单值提交给服务器。 -->
94        <button type="reset">重置</button>
95        <!-- reset：重置按钮：清空表单内容，还原成初始未编辑的状态 -->
96      </li>
97    </ul>
98  </form>
99 </body>
100 </html>
```

保存代码后，在浏览器中预览，效果如图 7-6 所示。

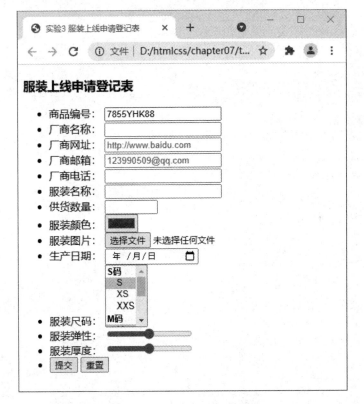

图 7-6　页面结构制作效果图

（3）定义 CSS 样式。搭建完页面的结构后，接下来使用 CSS 样式进行修饰。采用从整体到局部，从上到下的方式实现图 7-5 所示的效果。

① 样式重置代码如下：

```
/*重置浏览器的默认样式*/
* {   margin: 0;
      padding: 0;}
```

② 设置最外层的大盒子的样式，代码如下：

```
#apply {
    width: 380px;
    border: 2px solid #ccc;
    border-radius: 10px;
    padding: 10px;
    margin: 20px auto;
}
```

③ 设置标题的样式，代码如下：

```
#apply h3 {
    height: 40px;
    text-align: center;
    line-height: 40px;
}
```

④ 设置列表<ul>的样式，代码如下：

```
#apply ul {
    list-style: none;
    padding-left: 40px;
}
```

⑤ 设置列表项<li>的样式，代码如下：

```
#apply ul li {
    margin: 10px 0;
}
```

⑥ 设置尺码选项框的样式。

设置宽度样式，代码如下：

```
#apply ul li select {
    width: 140px;
}
```

默认选项样式，代码如下：

```
:default {
    color: red;
}
```

⑦ 设置商品编号只读状态下的样式，代码如下：

```
input:disabled {
    background-color:green;
    color: #FFF;
}
```

⑧ 设置供货数量在规定范围之内和之外的样式。

数量在规定范围之内的样式，代码如下：

```
input[type="number"]:in-range {
    background: green;
    color: #FFF;
}
```

数量在规定范围之外的样式，代码如下：

```
input[type="number"]:out-of-range {
    background: red;
    color: #FFF;
}
```

⑨ 设置当获得焦点录入状态时样式。

录入的信息不符合要求时的样式，代码如下：

```
input:focus:invalid {
    background-color: red;
    color: white;
    padding: 4px;
}
```

录入的信息符合格式要求时的样式，代码如下：

```
input:focus:valid {
    background-color: green;
    color: white;
    padding: 4px;
}
```

⑩ 设置两个按钮的样式，代码如下：

```
#apply ul li button {
    width: 100px;
    height: 30px;
    margin-left: 16px;
}
```

保存代码后，在浏览器中预览，效果如图 7-5 所示。

6. 总结与思考

熟练掌握表单及表单控件的属性，掌握表单相关选择器，就能做出功能强大，交互体验效果好的表单。

第 8 章　CSS3 选择器

8.1　知识点梳理

1. 属性选择器

属性选择器是根据元素的属性及属性值来选择元素,在第 3 章学习使用的"id 选择器""class 类选择器"都属于属性选择器,CSS3 新增加了 3 种属性选择器,分别是:

(1) 元素标签名称[属性^=value],匹配该标签名的元素并且有该属性,且该属性的属性值包含前缀为 value 的子字符串。

(2) 元素标签名称[属性$=value],匹配该标签名的元素并且有该属性,且该属性的属性值包含后缀为 value 的子字符串。

(3) 元素标签名称[属性*=value],匹配该标签名的元素并且有该属性,且该属性的属性值包含 value 的子字符串。

需要注意语法中的"元素标签名称"是可以省略的,如果省略则表示可以匹配满足属性及属性值条件的任意元素。

2. 关系选择器

元素之间的关系与人类亲属之间的关系一样,通过亲属可以找到要找的元素。关系选择器有后代选择器、子代选择器(＜)、兄弟选择器(临近兄弟选择器(+)和普通兄弟选择器(~))等几种:

(1) 后代选择器,又称为包含选择器,可以选择作为某元素后代的元素,其基本语法是:两个或多个用空格分隔的选择器。

(2) 子代选择器(＞),用来选择某个元素的第一级子元素,其基本语法是:选择父元素的选择器>选择子元素的选择器。

(3) 临近兄弟选择器(+),其基本语法是:选择器 1 + 选择器 2。这两个选择器选择的两个元素有同一个父亲,而且第二个元素必须紧跟在第一个元素的后面。

(4) 普通兄弟选择器(~),其基本语法:选择器 1~选择器 2,这两个选择器选择的元素有同一个父亲,而且第二个选择的元素不必紧跟在第一个元素的后面。

3. 结构伪类选择器

结构伪类选择器与前面介绍的类选择器是不同的,类选择器的类名是可以自己命名的，类名是元素的 class 属性的属性值，而结构伪类选择器的伪类名不需定义，也不能修改。结构伪类选择器根据元素在 HTML 文档结构中所处的位置来选择元素，从而减少 HTML 文档对 id 或类的依赖，有助于保持代码干净整洁。结构伪类选择器有如下几种：

(1) :root 选择器用于匹配文档根元素，在 HTML 中，根元素始终是 HTML 元素。

(2) :first-child 选择器和:last-child 选择器分别用于为父元素中的第一个或者最后一个子元素设置样式。

(3) :nth-child(n)和:nth-last-child(n)选择器用于匹配属于父元素的第 n 个子元素和倒数第 n 个子元素，与元素类型无关。

(4) :nth-of-type(n)和:nth-last-of-type(n)选择器用于匹配属于父元素的特定类型的第 n 个子元素和倒数第 n 个子元素。

(5) :only-child 选择器用于匹配属于某父元素的唯一子元素的元素。

(6) :empty 选择器用来选择没有子元素或文本内容为空的所有元素。

(7) :target 选择器用于为页面中的某个 target 元素(该元素的 id 被当做页面中的超链接来使用)指定样式。

(8) :not 选择器用于匹配非指定元素的每个元素，即排除指定元素。

4. 伪类选择器

(1) :before 伪类选择器。:before 伪类选择器用于在被选元素的内容前面插入内容，必须配合 content 属性来指定要插入的具体内容。其基本语法格式如下：

```
<元素>:before{
    content:文字/url();
}
```

在上述语法中，被选元素位于“:before”之前，“{}”中的 content 属性用来指定要插入的具体内容，该内容既可以为文本也可以为图片。:before 伪元素选择器选择该插入的内容。

(2) :after 伪类选择器。:after 伪类选择器用于在某个元素之后插入一些内容，使用方法与:before 伪类选择器相同。其基本语法格式如下：

```
<元素>:after{
    content:文字/url();
}
```

:after 伪类选择器选择该插入的内容。

(3) :first-line 选择器用来指定元素第一行的样式。

(4) :first-letter 选择器用来指定元素第一个字符的样式。

5. 表单伪类选择器

详见第 7 章中的表单选择器。

6. 超链接伪类选择器

详见第 5 章中<a>标签的四个伪类。

8.2 基 础 练 习

1. 填空

(1) 表示 id= "top" 的选择器为_____。

(2) 表示 class= "active" 的选择器为_____。

(3) 能够设置鼠标悬停状态下的样式的是_____选择器。

(4) CSS3 新增的 3 种属性选择器是：_____、_____、_____。

(5) _____选择器用来选择没有子元素或文本内容为空的所有元素。

(6) _____选择器用于匹配文档根元素。使用_____选择器定义的样式，对所有页面元素都生效。

2. 根据如下结构代码，填写相应的选择器或样式代码

```
<body>
    <h3>打底衬衫</h3>
    <p>价格：128.00 元</p>
    <p>淘宝价：<strong>89.00 元</strong></p>
    <p>淘金币可抵 0.89 元</p>
    <p>邮费：12.00 元</p>
</body>
```

(1) 选择 strong 元素，用后代选择器表示为_____，用子代选择器表示为_____。

(2) 通过 h3 元素选择第一个 p 元素的选择器表示为_____。

(3) 通过 h3 元素选择 h3 后所有的 p 元素的选择器表示为_____。

(4) 能够匹配所有排行在第偶数个 p 的元素的选择器为_____或_____或_____。

(5) 能够匹配所有排行在第奇数个 p 的元素的选择器为_____或_____或_____。

(6) 选择第一个 p 元素的选择器表示为_____或_____。

(7) 选择第 3 个 p 元素的选择器表示为_____或_____。

(8) 选择最后一个 p 元素的选择器表示为_____或_____。

(9) 在 h3 标题前面插上一张衬衫的图片(图片文件名为 shirt.png)，样式代码为_____。

(10) 在 h3 标题后面加 "促销" 两个字，样式代码为_____。

8.3　动手实践

8.3.1　实验 1　慕课课程列表

1. 考核知识点
属性选择器。

2. 练习目标
熟练掌握三个属性选择器的应用。

3. 实验内容及要求
请做出如图 8-1 所示的效果，并在 Chrome 浏览器中测试。

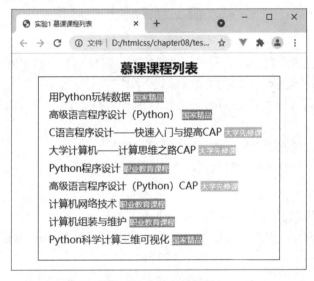

图 8-1　实验 1 效果图

要求：

(1) 课程列表使用列表标签来实现。

(2) 为课程种类设置一个属性"course-type"，用来识别不同种类的课程。

(3) 课程种类名称，设置样式时以属性选择器来选择，为它们设置字体为白色，同种类课程背景色相同，不同种类课程背景色不同。

(4) 样式效果如图 8-1 所示。

4. 实验分析

1) 结构分析

一个大盒子控制整体，标题用<h2>标签，课程列表用<ul>标签，课程种类用<span>标签，并且给该标签设置"course-type"属性，不同种类的名称设置不同的属性，结构分析如图 8-2 所示。

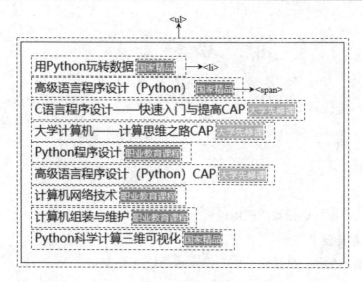

图 8-2　结构分析图

2) 样式分析

(1) 通过最外层的大盒子对页面进行整体控制，需要对其设置宽度、边距等样式。

(2) 为标题<h2>标签设置文本居中的样式。

(3) 设置课程列表样式，去掉列表的默认内外边距，去掉列表项前的默认值，设置边框。

(4) 为课程名称列表项设置字体、字号和行高。

(5) 为所有课程各类名称设置背景，为不同课程种类名称设置不同背景。

5. 实现步骤

(1) 新建 HTML 文档，并保存为"test1.html"。

(2) 制作页面结构。根据上面的实验分析，使用相应的 HTML 标签来搭建网页结构，代码如下所示：

```
<!doctype html>
<html>
<head>
<title>实验 1  慕课课程列表</title>
</head>
<body>
    <div id="course">
        <h2>慕课课程列表</h2>
        <ul>
            <li>用 Python 玩转数据 <span course-type="quality course">国家精品</span></li>
            <li>高级语言程序设计(Python) <span course-type="quality course">国家精品</span></li>
            <li>C 语言程序设计——快速入门与提高 CAP <span course-type="University advance">
        大学先修课</span></li>
```

```
        <li>大学计算机——计算思维之路 CAP <span course-type="University advance">大学
先修课</span></li>
        <li>Python 程序设计<span course-type="Vocational education">职业教育课程</span></li>
        <li>高级语言程序设计(Python)CAP <span course-type="University advance">大学先修
课</span></li>
        <li>计算机网络技术<span course-type="Vocational education">职业教育课程</span></li>
        <li>计算机组装与维护<span course-type="Vocational education">职业教育课程</span></li>
        <li>Python 科学计算三维可视化<span course-type="quality course">国家精品</span></li>
    </ul>
</div>
</body>
</html>
```

保存代码后，在浏览器中预览，效果如图 8-3 所示。

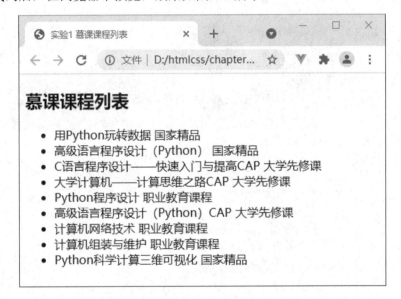

图 8-3　HTML 结构页面效果图

(3) 样式设置。搭建完页面的结构后，接下来使用 CSS 对页面的样式进行修饰，采用从整体到局部的顺序设置样式，具体如下：

① 清除默认样式。

```
* {
    margin: 0;          /*清除所有元素的外边距*/
    padding: 0;         /*清除所有元素的内边距*/
}
li {
    list-style: none;   /*清除列表前的默认项目符号*/
}
```

② 控制整体的大盒子的样式。

```
#course {
    width: 450px;
    margin: 10px auto;    /*设置 ul 上下边距为 10 px, 左右居中*/
}
```

③ 设置标题的样式。

```
#course h2 {
    text-align: center;
}
```

④ 设置课程列表样式。

```
ul {
    border: 1px solid;
    padding: 20px;
}
```

⑤ 为课程名称列表项设置样式。

```
#course ul li {
    font-family: "微软雅黑";
    font-size: 18px;
    line-height: 30px;    /*设置行高, 用来设置 li 上下间的距离*/
}
```

⑥ 为课程各类名称设置公共样式。

```
#course ul li span {
    font-size: 14px;
    color: #fff;
}
```

⑦ 为"国家精品"种类名称设置背景。

```
#course ul li span[course-type^="quality"] {
    /*通过属性选择器选择 course-type 属性值前面是"quality"的元素*/
    background-color: #68A070;
}
```

⑧ 为"大学先修课"种类名称设置背景。

```
#course ul li span[course-type$="advance"] {
    /*通过属性选择器选择 course-type 属性值后面是"advance"的元素*/
    background-color: #AFE963;
}
```

⑨ 为"职业教育课程"种类名称设置背景。

```
#course ul li span[course-type*="edu"] {
    /*通过属性选择器选择 course-type 属性值包含有"edu"的元素*/
    background-color: #30C1ED;
}
```

保存代码后, 在浏览器中预览, 效果如图 8-1 所示。

8.3.2　实验 2　模拟小米元素动态闹铃

1. 考核知识点

盒子模型、结构伪类、元素类型的转换。

2. 练习目标

(1) 盒子模型各属性的灵活运用。

(2) 元素类型转换的灵活运用。

(3) 掌握灵活运用结构伪类选择器选择元素。

3. 实验内容及要求

请做出如图 8-4 所示的效果，并在 Chrome 浏览器中测试。

图 8-4　实验 2 效果图

要求：

(1) 结构代码中尽量减少 id、class 的定义，尽量使用结构伪类选择器选择元素，保持结构代码的干净整洁。

(2) 如图所示 7 个大小一样并列排列的盒子，盒子有圆角，有白色的边框，盒子之间的间距相同。盒子的内容结构都是一样：有图片、有渐变的背景色、有一个文字，但是每个盒子的图片、背景色、文字都不相同。

(3) 图片要求不用<img>标签插入，通过样式使用背景图片。

(4) 有 hover 效果：当鼠标移到盒子上时，鼠标指针为手形，盒子加边框效果，如效果图的第 4 个盒子效果，加的边框颜色与背景颜色一致。

(5) 文字效果如图 8-4 所示。

4. 实验分析

1) 结构分析

页面结构是一系列的盒子，可以用列表来完成，结构分析如图 8-5 所示。

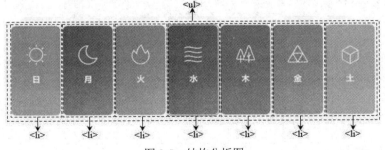

图 8-5　结构分析图

2) 样式分析

(1) 通过<ul>标签进行整体控制，需要设置高度、宽度和外边距。

(2) 将<li>转换为行内块级元素，使它们在一行内显示。每个<li>都有宽度、高度、内外边距、边框、圆角、背景图片和渐变背景颜色。

(3) 背景图片不重复，由背景定位来设置背景图片的位置。

(4) 文本设置为白色，位置水平居中，上内边距定位在背景图片的下方。

(5) 盒子阴影作为<li>标签最外层与背景颜色一致的边框，在鼠标移至<li>标签上时才出现。

5. 实现步骤

(1) 新建 HTML 文档，并保存为"test2.html"。

(2) 制作页面结构。根据上面的实验分析，使用相应的 HTML 标签来搭建网页结构，代码如下所示：

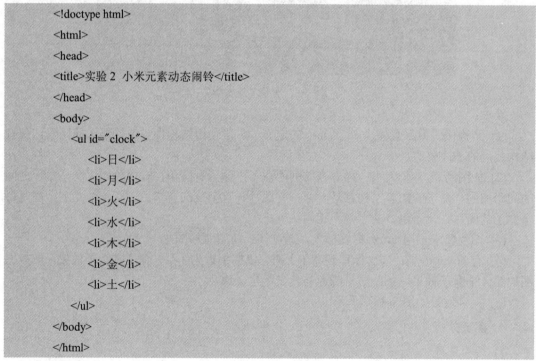

```
<!doctype html>
<html>
<head>
<title>实验 2  小米元素动态闹铃</title>
</head>
<body>
    <ul id="clock">
        <li>日</li>
        <li>月</li>
        <li>火</li>
        <li>水</li>
        <li>木</li>
        <li>金</li>
        <li>土</li>
    </ul>
</body>
</html>
```

保存代码后，在浏览器中预览，效果如图 8-6 所示。

图 8-6　HTML 结构页面效果图

(3) 样式设置。

① 清除默认样式。

```
*{
    margin: 0;
    padding: 0;
}
ul{list-style: none;}              /*清除列表默认项目符号*/
```

② 控制整体的<ul>的样式。

```
#clock{
    width: 1150px;                 /*设置宽度*/
    height: 300px;                 /*设置高度*/
    margin: 100px auto;            /*设置外边距，盒子水平居中显示*/
}
```

③ 设置每个盒子公共的样式。

```
#clock li{
    display: inline-block;         /*设置列表项为行内块元素，一行内显示*/
    width: 156px;                  /*设置列表项宽度*/
    height: 284px;                 /*设置列表项高度*/
    padding-top: 150px;            /*设置上内边距，使文字在盒子里下方显示*/
    border-radius: 16px;           /*设置盒子的圆角*/
    border: 2px solid #fff;        /*设置盒子边框*/
    box-sizing: border-box;        /*设置盒子高宽值包含盒子边框和内边距*/
    background-repeat: no-repeat;  /*设置背景图片不重复显示*/
    background-position: center 50px ,0 0;  /*定位盒子背景图片的位置(center 50px 水平居中和距
离顶部位置)，定位盒子渐变背景的位置(0 0 距离左边和顶部的位置)*/
    font-family: "微软雅黑";
    font-size: 25px;
    font-weight: bold;
    color: #fff;                   /*设置文字颜色为白色*/
    text-align: center;            /*文字水平居中*/
    cursor: pointer;               /*设置鼠标移到盒子上时的样式为小手模样*/
}
```

④ 为每个盒子设置背景图片与背景渐变。

```
#clock li:nth-child(1){
    background-image:url(image/1.png),linear-gradient(136deg,#FF7857 0,#FEA840 100%);
                       /*设置第一个盒子背景图片与背景渐变*/
}
#clock li:nth-child(2){
    background-image:url(image/2.png),linear-gradient(-43deg,#8BA2FC 0,#534CFC 100%);
```

```
                    /*设置第二个盒子背景图片与背景渐变*/
}
#clock li:nth-child(3){
    background-image: url(image/3.png), linear-gradient(-41deg,#FFA185 0,#FD5E9E 100%);
                    /*设置第三个盒子背景图片与背景渐变*/
}
#clock li:nth-child(4){
    background-image: url(image/4.png), linear-gradient(-41deg,#03d9ff 0,#0f83e9 100%);
                    /*设置第四个盒子背景图片与背景渐变*/
    box-shadow: 0 0 0 2px #03d9ff;
                    /*设置盒子阴影，盒子阴影扩展半径 2px 和蓝色的阴影颜色，实现蓝色的外边框*/
}
#clock li:nth-child(5){
    background-image: url(image/5.png), linear-gradient(-42deg,#21E77C 0,#02CD80 100%);
                    /*设置第五个盒子背景图片与背景渐变*/
}
#clock li:nth-child(6){
    background-image: url(image/6.png), linear-gradient(136deg,#FF7857 0,#FEA840 100%);
                    /*设置第六个盒子背景图片与背景渐变*/
}
#clock li:last-child{
    background-image: url(image/7.png), linear-gradient(-40deg,#FFC700 0,#FFB939 100%);
                    /*设置最后一个盒子背景图片与背景渐变*/
}
```

⑤ 设置鼠标移到盒子上，盒子加边框的样式。为每个设置盒子阴影扩展半径 2px 和不同阴影颜色，实现外边框。

```
#clock li:first-child:hover{
    box-shadow: 0 0 0 2px #FF7857;
}
#clock li:nth-child(2):hover{
    box-shadow: 0 0 0 2px #8BA2FC;
}
#clock li:nth-child(3):hover{
    box-shadow: 0 0 0 2px #FFA185;
}
#clock li:nth-last-child(3):hover{
    box-shadow: 0 0 0 2px #21E77C;
}
#clock li:nth-last-child(2):hover{
```

```
        box-shadow: 0 0 0 2px #FF7857;
    }
    #clock li:last-child:hover{
        box-shadow: 0 0 0 2px #21E77C;
    }
```

保存代码后，在浏览器中预览，效果如图 8-4 所示。

8.3.3　实验 3　模拟新浪网站导航栏

1. 考核知识点

结构伪类选择器。

2. 练习目标

灵活运用结构伪类选择器，为不同位置的元素设置独特的样式。

3. 实验内容及要求

请做出如图 8-7 所示的效果，并在 Chrome 浏览器中测试。

新闻	军事	国内	国际	体育	NBA	英超	中超	博客	专栏	历史	天气	时尚	女性	医药	育儿	微博	城市	广西	学投资
财经	股票	基金	外汇	娱乐	明星	电影	星座	视频	综艺	VR	直播	教育	高考	公益	佛学	旅游	文化	彩票	高尔夫
科技	手机	探索	众测	汽车	报价	买车	卖车	房产	二手车	家居	收藏	图片	读书	黑猫	司法	游戏	手游	邮箱	English

图 8-7　实验 3 效果图

要求：

(1) 整个结构分成 5 个大板块，每个板块之间有分隔线。

(2) 每个板块有 12 个导航项，分成 3 行 4 列，其中每个板块的第一列字体加粗显示。

(3) 文字都由超链接标签<a>定义，且没有超链接默认的下画线。

(4) 第 4 板块的第 1 行第 2 个"女性"导航项，默认设置为有下画线，字体为红色。

(5) 有 hover 效果,鼠标移到文字上变红色且有下画线。

4. 实验分析

1) 结构分析

整个导航分成 5 个大板块，可以用列表<ul>来定义，每个列表项<li>包含一个板块，每个板块有 12 个超链接<a>，结构分析如图 8-8 所示。

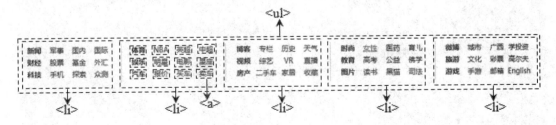

图 8-8　结构分析图

2) 样式分析

(1) 通过<ul>标签进行整体控制，需要设置高度、宽度和外边距。

(2) 每个<li>标签都有高度、宽度，转换为行内块级元素，使它们在一行内显示，设置左边框为分隔线。

(3) 设置每个板块的第 1 列字体加粗，通过结构伪类选择器选择到第 1 列。

(4) 设置第四个<li>标签的第二个<a>标签为带下画线的红色文字，即"女性"导航项的样式。通过结构伪类选择器选择到第四个<li>标签的第二个<a>标签。

(5) 设置<a>标签的样式，并对<a>标签设置 hover 效果，鼠标移到<a>标签时文字变为红色，且有下画线修饰。

5. 实现步骤

(1) 新建 HTML 文档，并保存为"test3.html"。

(2) 制作页面结构。根据上面的实验分析，使用相应的 HTML 标签来搭建网页结构，代码如下所示：

```
<!doctype html>
<html>
<head>
<title>新浪导航</title>
</head>
<body>
<ul id="nav">
    <li>
        <a href="#">新闻</a><a href="#">军事</a><a href="#">国内</a><a href="#">国际</a><a href="#">财经</a><a href="#">股票</a><a href="#">基金</a><a href="#">外汇</a><a href="#">科技</a><a href="#">手机</a><a href="#">探索</a><a href="#">众测</a>
    </li>
    <li>
        <a href="#">体育</a><a href="#">NBA</a><a href="#">英超</a><a href="#">中超</a><a href="#">娱乐</a><a href="#">明星</a><a href="#">电影</a><a href="#">星座</a><a href="#">汽车</a><a href="#">报价</a><a href="#">买车</a><a href="#">卖车</a>
    </li>
    <li>
        <a href="#">博客</a><a href="#">专栏</a><a href="#">历史</a><a href="#">天气</a><a href="#">视频</a><a href="#">综艺</a><a href="#">VR</a><a href="#">直播</a><a href="#">房产</a><a href="#">二手车</a><a href="#">家居</a><a href="#">收藏</a>
    </li>
    <li>
        <a href="#">时尚</a><a href="#">女性</a><a href="#">医药</a><a href="#">育儿</a><a href="#">教育</a><a href="#">高考</a><a href="#">公益</a><a href="#">佛学</a><a href="#">图片
```

```
</a><a href="#">读书</a><a href="#">黑猫</a><a href="#">司法</a>
        </li>
        <li>
            <a href="#">微博</a><a href="#">城市</a><a href="#">广西</a><a href="#">学投资
</a><a href="#">旅游</a><a href="#">文化</a><a href="#">彩票</a><a href="#">高尔夫</a><a
href="#">游戏</a><a href="#">手游</a><a href="#">邮箱</a><a href="#">English</a>
        </li>
    </ul>
    </body>
    </html>
```

保存代码后，在浏览器中预览，效果如图 8-9 所示。

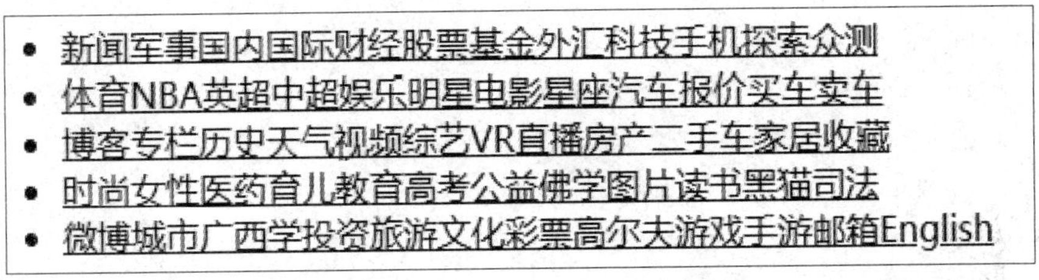

- 新闻军事国内国际财经股票基金外汇科技手机探索公测
- 体育NBA英超中超娱乐明星电影星座汽车报价买车卖车
- 博客专栏历史天气视频综艺VR直播房产二手车家居收藏
- 时尚女性医药育儿教育高考公益佛学图片读书黑猫司法
- 微博城市广西学投资旅游文化彩票高尔夫游戏手游邮箱English

图 8-9　HTML 结构页面效果图

(3) 样式设置。

① 清除默认样式。

```
*{
    margin: 0;
    padding: 0;
    }
ul{
    list-style:none;              /*清除列表默认项目符号*/
    }
a{
    text-decoration: none;        /*清除链接默认下画线*/
    }
```

② 控制整体的<ul>的样式。

```
#nav{
    width: 1080px;                /*设置宽度*/
    height: 80px;                 /*设置高度*/
    margin: 100px auto;           /*设置盒子外边距100px，盒子左右居中显示*/
    }
```

③ 设置每个板块<li>的样式。

```
#nav li{
    display: inline-block;        /*设置列表项为行内块元素，可设高宽，一行内显示*/
```

```
    width: 200px;                  /*设置宽度*/
    height: 80px;                  /*设置高度*/
    padding-left: 12px;            /*设置盒子左内边距，边框线与盒子内容有间距*/
    border-left: 1px solid pink;   /*设置左边框粉红色，显示<li>标签之间的边线*/
    box-sizing: border-box;        /*设置盒子的高宽值包含盒子边框和内边距*/
}
```

④ 设置第一个板块<li>没有左边框线。

```
#nav li:first-child{
    border: none;                  /*设置第一个 li 标签没有边框*/
}
```

⑤ 设置导航项<a>的样式。

```
#nav a{
    display: inline-block;         /*设置<a>标签为行内块级元素，可设高宽，一行内显示*/
    width: 46px;                   /*设置宽度*/
    height: 22px;                  /*设置高度*/
    line-height: 22px;             /*设置行高，文本垂直居中*/
    text-align: center;
    font-family: "微软雅黑";
    font-size: 14px;
    color: #000;
}
```

⑥ 设置每个块板第 1 列的加粗样式。

```
#nav a:nth-of-type(4n+1){
    font-weight: bold;             /*设置文本粗细，文本加粗显示*/
}
```

⑦ 设置第四个<li>标签的第二个<a>标签为带下画线的红色文字，即"女性"导航项的样式。

```
#nav li:nth-child(4) a:nth-child(2){
    color: red;                    /*设置文本颜色为红色*/
    text-decoration: underline;    /*设置文本下画线修饰*/
}
```

⑧ 设置<a>标签的 hover 效果，鼠标移上<a>标签时的样式。

```
#nav a:hover{
    color: red;
    text-decoration: underline;
}
```

保存代码后，在浏览器中预览，效果如图 8-7 所示。

8.3.4 实验 4 模拟新浪体育网站导航栏

1. 考核知识点

:not 选择器。

2. 练习目标

掌握：not 选择器的应用。

3. 实验内容及要求

请做出如图 8-10 所示的效果，并在 Chrome 浏览器中测试。

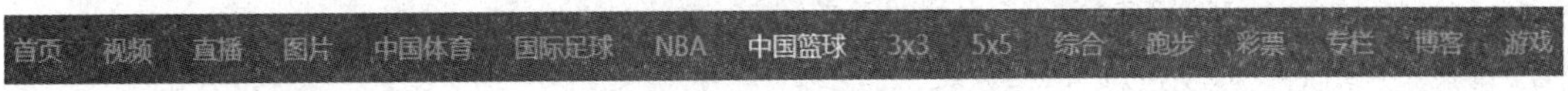

首页
视频
直播
图片
中国体育
国际足球
NBA
中国篮球
3x3
5x5
综合
跑步
彩票
专栏
博客
游戏

图 8-10 实验 4 效果图

要求：

(1) 导航栏的宽度充满浏览器的宽度，导航栏居中在窗口的中间。

(2) 各导航项之间的间距相等，超链接文字居中对齐，字体为白色，没有超链接默认的下画线。

(3) 当鼠标移到超链接上时，只有鼠标所在的超链接文字仍然正常显示为白色，其他超链接文字变为半透明。

4. 实验分析

1) 结构分析

在<div>盒子里包含多个<a>标签。结构分析如图 8-11 所示。

<div>
首页
视频
直播
图片
中国体育
国际足球
NBA
中国篮球
3x3
5x5
综合
跑步
彩票
专栏
博客
游戏
<a>

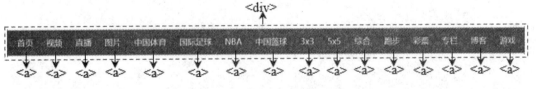

图 8-11 实验 4 结构分析图

2) 样式分析

(1) 对整体控制的盒子设置高度、宽度和背景颜色。

(2) 设置<a>标签内边距，使文字之间的间距相同，清除链接默认下画线样式，设置行高与导航栏同高，使其垂直居中显示，文字为白色。

(3) 当鼠标移到<a>标签上时，除了鼠标当前选中的<a>标签外，其余<a>标签的透明度上升。

5. 实现步骤

(1) 新建 HTML 文档，并保存为“test4.html”。

(2) 制作页面结构。根据上面的实验分析，使用相应的 HTML 标签来搭建网页结构，代码如下所示：

```
<!doctype html>
<html>
<head>
<meta charset="utf-8">
<title>实验 4 模拟新浪体育网站导航栏</title>
</head>
<body>
<div id="nav">
    <a href="#">首页</a><a href="#">视频</a><a href="#">直播</a><a href="#">图片</a><a
href="#">中国体育</a><a href="#">国际足球</a><a href="#">NBA</a><a href="#">中国篮球</a>
<a href="#">3x3</a><a href="#">5x5</a><a href="#">综合</a><a href="#">跑步</a><a href="#">
彩票</a><a href="#">专栏</a><a href="#">博客</a><a href="#">游戏</a>
</div>
</body>
</html>
```

保存代码后，在浏览器中预览，效果如图 8-12 所示。

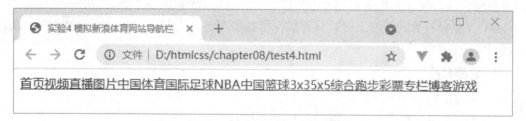

图 8-12　HTML 结构页面效果图

(3) 样式设置。

① 清除默认样式。

```
*{
    margin: 0px;
    padding: 0px;
}
a{
    text-decoration: none;                /*清除链接默认下画线*/
}
```

② 设置控制整体的<div>盒子的样式。

```
#nav{
    width: 100%;                          /*设置导航栏宽度充满浏览器的宽度*/
    height: 54px;                         /*设置导航栏的高度*/
    background-color: #e10100;            /*设置导航背景颜色*/
    text-align: center;                   /*设置导航文本居中*/
}
```

③ 设置标签<a>的样式。

```
#nav a{
    padding: 15px;          /*设置内边距*/
    line-height: 54px;      /*设置为导航栏的高度，文本垂直居中*/
    font-family: "微软雅黑";
    font-size: 18px;
    color: #fff;            /*设置导航文本颜色为白色*/

}
```

④ 设置鼠标移到盒子时，不是鼠标当前选中的<a>标签的样式。

```
#nav:hover a:not(:hover){
    opacity: 0.6;           /*设置透明度，实现鼠标没有选中的<a>标签的颜色鲜艳度下降*/
}
```

保存后，在浏览器中预览，效果如图 8-10 所示，完成实验。

8.3.5　实验 5　汉堡菜单

1. 考核知识点

关系选择器、属性选择器。

2. 练习目标

掌握关系选择器的应用。

3. 实验内容及要求

请做出如图 8-13 所示的效果，并在 Chrome 浏览器中测试。

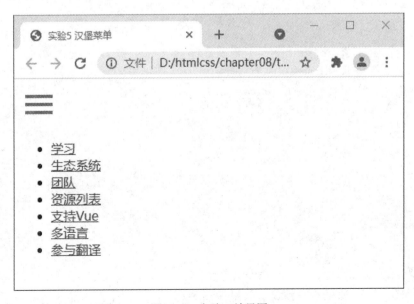

图 8-13　实验 5 效果图

要求：

点击图片可以切换菜单的显隐效果。

4. 实验分析

　　界面可见到的是一张图片和一个列表，要求点击图片切换菜单的显隐效果，响应单击的标签在这可以选择复选按钮，图片用<label>标签包裹，<label>标签通过 for 属性指定复选按钮，就可以实现点击图片切换两种状态。

5. 实现步骤

　　(1) 新建 HTML 文档，并保存为"test5.html"。

　　(2) 制作页面结构。根据上面的实验分析，使用相应的 HTML 标签来搭建网页结构，代码如下所示：

```
<!doctype html>
<html>
<head>
<meta charset="utf-8">
<title>实验 5 汉堡菜单</title>
</head>
<body>
  <nav>
      <label for="menubox">
          <img src="image/menu.png"/>
      </label>
      <input type="checkbox" id="menubox" />
      <ul>
          <li><a href="#">学习</a></li>
          <li><a href="#">生态系统</a></li>
          <li><a href="#">团队</a></li>
          <li><a href="#">资源列表</a></li>
          <li><a href="#">支持 Vue</a></li>
          <li><a href="#">多语言</a></li>
          <li><a href="#">参与翻译</a></li>
      </ul>
  </nav>
</body>
</html>
```

保存代码后，在浏览器中预览，效果如图 8-14 所示。

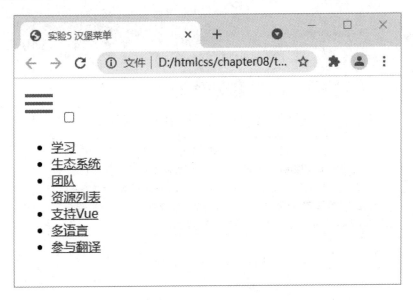

图 8-14　HTML 结构页面效果图

(3) 样式设置。

① 隐藏复选框。

```
nav>input{display: none;}
```

② 隐藏菜单列表。

```
nav>ul{
    display: none;
}
```

③ 实现切换效果的样式。点击图片(复选框)，当复选框选中时，通过兄弟选择器选择到菜单列表，让菜单列表显示。

```
nav>input[type="checkbox"]:checked ~ ul {
    display: block;
}
```

保存代码后，在浏览器中预览，效果如图 8-13 所示。

8.3.6　实验 6　海洋生物

1. 考核知识点

伪类选择器。

2. 练习目标

掌握伪选择器的应用。

3. 实验内容及要求

请做出如图 8-15 所示的效果，并在 Chrome 浏览器中测试。

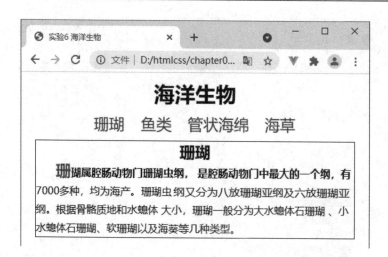

图 8-15　实验 6 效果图

要求：

(1) 点击导航栏上的生物名称，就会显示该生物的介绍，但并不跳转到新的页面。

(2) 生物介绍文本的第一个字比其它文本的字号要大，并且字体颜色为红色。

(3) 生物介绍文本的第一行字体加粗显示。

(4) 其他样式设置效果要求如图 8-15 所示。

4．实验分析

1) 结构分析

一个大盒子控制整体，盒子里有标题、导航和生物介绍。生物介绍可以使用列表，每个生物介绍都有标题和介绍文本。

2) 样式分析

(1) 对整体控制的盒子，需要对其设置宽度、边距等。

(2) 设置<a>标签内边距，使标签之间的间距相同，同时上下留间距，清除超链接的默认下画线。

(3) 通过 p:first-letter 选择器给第一个字设置样式。

(4) 通过 p:first-line 选择器给第一行文字设置样式。

(5) 设置生物介绍文本都先隐藏，当超链接跳转到该文本的时候，通过:target 选择器设置文本显示出来。

5．实现步骤

(1) 新建 HTML 文档，并保存为"test6.html"。

(2) 制作页面结构。根据上面的实验分析，使用相应的 HTML 标签来搭建网页结构，代码如下所示：

```
<!doctype html>
<html>
<head>
<title>实验 6 海洋生物</title>
```

```
</head>
<body>
<div id="marine">
    <h1>海洋生物</h1>
    <nav>
        <a href="#marine1">珊瑚</a>
        <a href="#marine2">鱼类</a>
        <a href="#marine3">管状海绵</a>
        <a href="#marine4">海草</a>
    </nav>
    <ul>
    <li id="marine1">
        <h2>珊瑚</h2>
        <p>珊瑚属腔肠动物门珊瑚虫纲，是腔肠动物门中最大的一个纲，有 7000 多种，均为
海产。珊瑚虫纲又分为八放珊瑚亚纲及六放珊瑚亚纲。根据骨骼质地和水螅体大小，珊瑚一般
分为大水螅体石珊瑚、小水螅体石珊瑚、软珊瑚以及海葵等几种类型。</p>
    </li>
    <li id="marine2">
        <h2>鱼类</h2>
        <p>各种各样的海洋生物里，鱼类是同人们生活最密切的一种，它们也是海洋里的主要
居民之一，在蔚蓝的大海里自由自在地畅游着，给大海带来无限生机。海洋鱼类一共有超过一
万种，它们是一类用鳃呼吸，用鳍游泳，身体表面长着鳞片的海洋脊椎动物。</p>
    </li>
    <li id="marine3">
        <h2>管状海绵</h2>
        <p>管状海绵的样子很像竖立的烟囱，所以又称为烟囱海绵。体高 3～6 厘米，大的能
达 8～11 厘米，直径 2～9 毫米，身体柔软。单体管状海绵很像一根管子，管壁上布满无数的小
孔，这就是管状海绵的入水孔。它们构成管状海绵特有的滤食水沟系统：海水从管壁渗入管腔，
然后经管口流出。同时，管状海绵产生的废物也会随着海水流走。</p>
    </li>
    <li id="marine4">
        <h2>海草</h2>
        <p>公认的海草种类有 74 种，隶属于 6 科 13 属，我国海草分布区划分为两个大区：中
国南海海草分布区和中国黄渤海海草分布区，南海海草分布区包括海南、广西、广东、香港、
台湾和福建沿海；黄渤海海草分布区包括山东、河北、天津和辽宁沿海。这两个海草分布区分
别属于 Short 等划分的印度洋—太平洋热带海草分布区和北太平洋温带海草分布区。</p>
    </li>
    </ul>
</div>
```

```
    </body>
    </html>
```

保存代码后，在浏览器中预览，效果如图 8-16 所示。

图 8-16　HTML 结构页面效果图

(3) 样式设置。

① 清除默认样式。

```
    *{margin: 0; padding: 0;}
    ul{ list-style: none;}
    a{text-decoration: none;}
```

② 设置控制整体的\<div>盒子的样式。

```
    #marine{ width: 500px;text-align: center; margin: 10px auto; }
```

③ 设置\<a>标签的样式。

```
    a{ font-size: 24px; padding: 10px; display:inline-block}
```

④ 设置列表\<ul>的样式。

```
    #marine ul { border:1px solid black;}
```

⑤ 设置<p>标签的样式。

#marine ul li p{text-indent: 2em; text-align: left; line-height: 28px;}

⑥ 设置生物介绍文本第一个字的样式。

#marine ul li p::first-letter{ font-size: 24px; color:red;}

⑦ 设置生物介绍文本第一行的样式。

#marine ul li p::first-line{font-weight: bold;}

⑧ 设置生物介绍文本显隐的样式。

#marine ul li{ display: none;}

#marine ul li:target{display:block}

保存代码后，在浏览器中预览，效果如图 8-15 所示。

第9章　过渡、变形及动画

9.1　知识点梳理

1. CSS3 过渡

CSS3 的过渡(transition)属性，可以设置 CSS 的属性值在一定的时间区间内平滑地过渡到另一个值的过渡动画。这种效果可以在鼠标单击、获得焦点、被点击或对元素的任何改变中触发，并平滑地以动画效果改变 CSS 的属性值。

过渡发生的四个条件：初始属性值、终止属性值、过渡(transition)属性设置、触发器。transition 属性是一个复合属性，由四个子属性构成。其基本语法格式如下：

```
transition：property duration timing-function delay;
```

在使用 transition 属性设置多个过渡效果时，它的各个参数必须按照顺序进行定义，不能颠倒。

(1) transition-property 属性。transition-property 属性用来定义哪些属性需要进行平滑过渡动画。其基本语法格式如下：

```
transition-property: none | all | property;
```

取值说明：

none：没有属性可有过渡效果。

all：默认值，所有属性都可有过渡效果。

property：设置可有过渡效果的 CSS 属性名称列表，多个属性名之间以逗号分隔。例：

```
transition-property:background-color,width;
```

(2) transition-duration 属性。transition-duration 属性用来定义在多长时间内完成属性值的平滑过渡，其默认值为 0，基本语法格式如下：

```
transition-duration:数值 s/ms;
```

取值说明：

该数值的常用单位是秒(s)或者毫秒(ms)，数值为 0 时，没有过渡动画。

(3) transition-timing-function 属性。transition-timing-function 属性用来定义过渡动画的效果。可以根据时间的推进去改变属性值的变换速率，该属性有 6 个变换速率值，如表 9-1 所示。

表 9-1　transition-timing-function 属性的属性值

属性值	描　　述
linear	指定以相同速度开始至结束的过渡效果
ease	指定以慢速开始，然后加快，最后慢慢结束的过渡效果
ease-in	指定以慢速开始，然后逐渐加快(淡入效果)的过渡效果
ease-out	指定以慢速结束(淡出效果)的过渡效果
ease-in-out	指定以慢速开始和结束的过渡效果
cubic-bezier(n,n,n,n)	定义用于加速或者减速的贝塞尔曲线的形状，它们的值在 0～1 之间

(4) transition-delay 属性。transtion-delay 属性用来定义过渡动画的延迟触发时间，其默认值为 0，基本语法格式如下：

transition-delay:数值 s/ms;

取值说明：

该数值的常用单位是秒(s)或者毫秒(ms)。

2. CSS3 变形

在 CSS3 中，可以利用 transform 属性来实现文字或图像的旋转、缩放、倾斜、移动这四种类型的变形处理。变形处理由变形函数来完成，变形函数操控元素发生旋转、缩放、倾斜、移动等变化。变形包括 2D 变形和 CSS3 3D 变形。transform 属性的基本语法如下：

transform：none | 变形函数;

取值说明：

none：默认值，表示不进行变形。

变形函数：用于设置变形函数，可以是一个或多个变形函数列表。

(1) 2D 变形。2D 变形是指某个元素围绕其 x 轴、y 轴进行变形，常用 2D 变形函数表示，如表 9-2 所示。

表 9-2　常用 2D 变形函数

变形类型	2D 变形函数	描　　述
旋转元素	rotate(angel)	参数 angel 是度数值，代表旋转角度
缩放元素	scale(x,y)	缩放元素，改变元素的高度和宽度。x, y 的值代表缩放比例，取值包括正数、负数和小数
	scaleX(x)	改变元素的宽度
	scaleY(y)	改变元素的高度
倾斜元素	skew(x-angel,y-angel)	参数 angel 是度数值，代表倾斜角度
	skewX(angel)	沿着 x 轴倾斜元素
	skewY(angel)	沿着 y 轴倾斜元素
移动元素	translate(x,y)	移动元素对象，基于 x 和 y 坐标重新定位元素
	translateX(x)	沿着 x 轴移动元素，即左右方向
	translateY(y)	沿着 y 轴移动元素，即上下方向

(2) 3D 变形函数。3D 变形是指某个元素围绕其 x 轴、y 轴、z 轴进行变形，常用 3D 变形函数表示，如表 9-3 所示。

表 9-3　常用 3D 变形函数

变形类型	3D 变形函数	描　述
3D 旋转	rotate3d(x,y,z,angel)	参数前三个值用于判断需要旋转的轴，旋转轴的值设置为 1，否则默认为 0，angel 代表元素旋转的角度
	rotateX(angel)	沿着 x 轴 3D 旋转
	rotateY(angel)	沿着 y 轴 3D 旋转
	rotate Z(angel)	沿着 z 轴 3D 旋转
3D 缩放	scale3d(x,y,z)	参数 x, y, z 是缩放比例，取值包括正数、负数和小数
	scaleX(x)	沿着 x 轴缩放
	scaleY(y)	沿着 y 轴缩放
	scaleZ(z)	沿着 z 轴缩放
3D 平移	translate3d(x,y,z)	参数 x, y, z 是元素移动的数值
	translateX(x)	仅用于 x 轴的值
	translateY(y)	仅用于 y 轴的值
	translateY(z)	仅用于 z 轴的值
3D 透视视图	perspective(n)	参数 n 是透视深度的数值

(3) 元素变形原点。变形操作都是以元素的中心点为基准进行的，如果需要改变这个中心点，可以使用 transform-origin 属性，其基本语法格式如下：

```
transform-origin: x y z;
```

x、y、z 分别是 x 轴、y 轴和 z 轴的偏移量，偏移量的取值可以是具体数据、百分比，也可以是方向位置名词，偏移量的取值如表 9-4 所示。

表 9-4　transform-origin 偏移量取值

偏移量	取值描述
x 轴偏移量	方向位置名词：left、center、right 具体数值：如 20 px 百分比：10%
y 轴偏移量	方向位置名词：top、center、bottom 具体数值：如 20 px 百分比：10%
z 轴偏移量	具体数值：如 20 px

3. CSS3 动画

CSS3 动画 animation 由两部分构成：@keyframes 定义动画关键帧状态、指定及描述动画的 animation 属性。每个关键帧表示动画过程中的一个状态，CSS3 动画有多个关键帧。

(1) @keyframes 定义动画关键帧状态。@keyframes 定义动画关键帧的状态，其基本语法格式如下：

```
@keyframes animationname {
    keyframes-selector{css-styles;}
}
```

语法说明：

animationname：定义动画的名称，其值是自命名的标识符，例如：colorchange。

keyframes-selector：关键帧选择器，其值是一个百分比，即指定当前关键帧在整个动画过程中的位置，0%表示动画的开始，100%表示动画的结束。0%也可用 from 来表示，100%也可用 to 来表示。

css-styles：定义到当前关键帧时对应的动画状态，其值是一个样式表。

(2) 指定及描述动画的 animation 属性。animation 属性用于调用及描述动画，包括指定具体动画以及动画时长等行为。animation 属性的基本语法格式如下：

animation: name duration timing-function delay iteration-count direction fill-mode play-state;

animation 属性是一个复合属性，以上参数分别对应其 8 个子属性。

① animation-name 属性。animation-name 属性用于定义要应用的动画名称，其基本语法格式如下：

animation-name: keyframename | none;

取值说明：

none：初始值，如果值为 none，则表示不应用任何动画，通常用于覆盖或者取消动画。

keyframename：是@keyframes 定义的动画名称。

② animation-duration 属性。animation-duration 属性用于定义整个动画效果完成所需要的时间，其基本语法格式如下：

animation-duration: 数值;

取值说明：

该数值是以秒(s)或者毫秒(ms)为单位的时长，默认值为 0，表示没有任何动画效果。当值为负数时，则被视为 0。

③ animation-timing-function 属性。animation-timing-function 用来规定动画的速度曲线，可以定义使用哪种方式来执行动画效果。其基本语法格式如下：

animation-timing-function: 属性值;

取值说明：

默认属性值为 ease，取值列表有 linear、ease-in、ease-out、ease-in-out 等常用属性值。属性值的速度曲线如表 9-5 所示。

表 9-5　animation-timing-function 属性值的速度曲线

属性值	速度曲线描述
linear	动画从开始到结束的速度是相同的
ease	默认值。动画以低速度开始，然后加快，在结束前变慢
ease-in	动画以低速度开始
ease-out	动画以低速度结束
ease-in-out	动画以低速度开始和结束

④ animation-delay 属性。animation-delay 属性用于定义动画开始的时间。其基本语法格式如下：

animation-delay:数值;

取值说明：

该数值是动画开始前等待的时长，其单位是秒(s)或者毫秒(ms)，默认属性值为 0。

⑤ animation-iteration-count 属性。animation-iteration-count 属性用于定义动画的播放次数。其基本语法格式如下：

animation-iteration-count: 数值| infinite;

取值说明：

该数值是播放动画的次数，初始值为 1，如果值是 infinite，则动画循环播放。

⑥ animation-direction 属性。animation-direction 属性用于定义动画播放完成后是否逆向交替循环。其基本语法格式如下：

animation-direction: normal | alternate;

取值说明：

默认值 normal 表示动画每次都会正常显示。如果属性值是 alternate，则表示动画播放完成后会逆向交替循环，即动画会在奇数次数正常播放，在偶数次数逆向播放。

⑦ animation-fill-mode 属性。animation-fill-mode 属性用于设置动画播放时间之外的效果，即动画开始或动画结束时的状态。其基本语法格式如下：

取值说明：

animation-fill-mode:none|backwards|forwards|both;

none：默认开始和结束均保持原来的样式。

backwards：开始前处于第一帧的样式，结束默认保持原来的样式。

forwards：开始前默认保持原来的样式，结束保持最后一帧的样式。

both：开始保持第一帧的样式，结束保持最后一帧的样式。

⑧ animation-play-state。animation-play-state 属性用于定义动画播放或暂停。其基本语法格式如下：

animation-play-state:running | paused;

取值说明：

paused：规定动画已暂停。

running：默认值，规定动画正在播放。

9.2 基础练习

1. 定义过渡效果的时间曲线的属性是_____。
2. 定义应用过渡的 CSS 属性的名称是_____。
3. transform 属性的默认值为_____，表示不进行变形。
4. 变形属性中的_____函数用于改变元素的宽度。
5. 2D 转换的函数中，用于缩放元素的函数是_____。

6. 2D 转换的函数中，用于旋转元素的函数是＿＿＿＿＿＿＿＿＿＿＿＿＿＿＿＿。

7. 2D 转换的函数中，用于移动元素对象的函数有＿＿＿＿＿＿＿＿＿＿＿＿＿＿＿。

8. CSS3 transform 属性对元素进行的变形操作有＿＿＿＿＿＿＿＿＿＿＿＿＿＿＿。

9. 定义动画的速度曲线的属性是＿＿＿＿＿＿＿＿＿＿＿＿＿＿＿＿。

10. 定义动画播放次数的属性是＿＿＿＿＿＿＿＿＿＿＿＿＿＿＿＿。

11. 设置动画无限次播放的是＿＿＿＿＿＿＿＿＿＿＿＿＿＿＿。

12. 定义动画之前延迟时间的属性是＿＿＿＿＿＿＿＿＿＿＿＿＿＿＿。

13. 定义动画完成所需要时间的属性是＿＿＿＿＿＿＿＿＿＿＿＿＿＿。

14. 定义动画是否正在运行或暂停的属性是＿＿＿＿＿＿＿＿＿＿＿＿＿＿。

9.3　动手实践

9.3.1　实验 1　模仿瑞丽 STAR 展示效果

1. 考核知识点

过渡效果的设置、伪类选择器。

2. 练习目标

(1) 掌握过渡效果的设置。

(2) 掌握伪类选择器的应用。

3. 实验内容及要求

请做出如图 9-1 所示的效果，并在 Chrome 浏览器中测试。

图 9-1　实验 1 效果图

要求：

(1) 瑞丽 STAR 的姓名显示在图片的左下方，当鼠标移动到图片上时，介绍内容从图片盒子下方慢慢移入。

(2) 介绍内容所在的盒子为半透明。

(3) 其他样式效果要求如图 9-1 所示。

4. 实验分析

1) 结构分析

从效果图可以看出，界面整体包在一个大盒子中，内容分为上、下两部分，分别为一个标题<h2>和一个列表<ul>。列表<ul>中的每个<li>标签的结构都一样，都有一张明星图片和姓名标题。结构分析如图 9-2 所示。

图 9-2　实验 1 结构分析图

明星介绍内容可以用自定义列表<dl>来定义，每个自定义列表<dl>的结构相同，姓名用自定义列表定义，介绍内容用自定义列表定义。

2) 样式分析

(1) 通过最外层的大盒子对页面进行整体控制，需要对其设置宽度、边距等样式。

(2) 设置<li>标签在同一行显示，设置高度和宽度，外边距等。

(3) 设置姓名标题的样式。

(4) 设置介绍内容盒子的样式。定位在<li>标签下方并隐藏，当鼠标移至<li>标签时方显示出来。

(5) 设置介绍内容的样式。

5. 实现步骤

(1) 新建 HTML 文档，并保存为"test1.html"。

(2) 制作页面结构。根据上面的实验分析，使用相应的 HTML 标签来搭建网页结构，代码如下所示：

```
<!doctype html>
<html>
<head>
<title>瑞丽之星</title>
</head>
<body>
<div id="box">
```

```html
<h2><img src="img/tit_star.png"></h2>
<ul>
    <li>
        <img src="img/star1.png">
        <h3>郑雪晨</h3>
        <dl>
            <dt>郑雪晨</dt>
            <dd>微博名：z 司晨儿</dd>
            <dd>三围：82 69 90</dd>
            <dd>星座：射手座</dd>
            <dd>血型：B</dd>
            <dd>座右铭：自信的笑容胜过所有</dd>
            <dd>籍贯：北京</dd>
            <dd>特长：啦啦操、唱歌</dd>
        </dl>
    </li>
    <li>
        <img src="img/star2.png">
        <h3>刘牧原</h3>
        <dl>
            <dt>刘牧原</dt>
            <dd>微博名：最千万</dd>
            <dd>三围：77 62 90</dd>
            <dd>星座：白羊座</dd>
            <dd>血型：A</dd>
            <dd>座右铭：负担起对自己的责任，活得热烈起劲。</dd>
            <dd>籍贯：北京</dd>
            <dd>特长：音乐</dd>
        </dl>
    </li>
    <li>
        <img src="img/star3.png">
        <h3>温颖</h3>
        <dl>
            <dt>温颖</dt>
            <dd>微博名：Alicewyef</dd>
            <dd>三围：86 66 99</dd>
            <dd>星座：狮子座</dd>
            <dd>血型：O</dd>
```

```
            <dd>座右铭：享受生活中任何挑战，只用心做自己。</dd>
            <dd>籍贯：北京</dd>
            <dd>特长：跳舞、唱歌、瑜伽</dd>
        </dl>
    </li>
    <li>
        <img src="img/star4.png">
        <h3>崔金格</h3>
        <dl>
            <dt>崔金格</dt>
            <dd>微博名：金哥 GeGe</dd>
            <dd>三围：80 62 86</dd>
            <dd>星座：双鱼座</dd>
            <dd>血型：AB</dd>
            <dd>座右铭：随性随心只做自己。</dd>
            <dd>籍贯：河南</dd>
            <dd>特长：钢琴、化妆</dd>
        </dl>
    </li>
    </ul>
</div>
</body>
</html>
```

(3) 样式设置。

① 清除默认样式。

```
*{
    margin:0px;
    padding:0px;
}
ul{list-style:none;}            /*清除列表默认项目符号*/
a{text-decoration:none;}        /*清除链接标签默认样式*/
```

② 设置大盒子的样式。

```
#box{
    width:1180px;
    margin:10px auto;
    font-family:"微软雅黑";
}
```

③ 设置<li>的样式。

```
#box ul li{
    width:280px;
    height:280px;
    margin-right:15px;
    overflow:hidden;              /*设置溢出处理，隐藏溢出列表项的内容*/
    display:inline-block;         /*设置列表项为行内块级元素，同行内显示*/
    position:relative;            /*设置盒子相对定位，为子元素<dl>绝对定位时的参照物*/
}
#box ul li:last-child{
    margin-right:0px;             /*设置最后一个<li>标签的右外边距为 0*/
}
```

④ 设置姓名标题的样式。

```
#box ul li h3{
    height:36px;
    padding:0px 10px;
    background-color:rgba(255,0,0,0.7);     /*设置背景颜色为透明红色*/
    font-size:18px;
    color:#fff;
    line-height:36px;
    position:absolute;                      /*设置盒子绝对定位*/
    left:0px;                               /*定位盒子距离父盒子左边的距离*/
    bottom:0px;                             /*定位盒子距离父盒子底部的距离*/
}
```

⑤ 设置介绍内容盒子的样式。

```
#box ul li dl{
    width:260px;
    height:260px;
    padding:25px 20px;
    box-sizing:border-box;
    border:1px solid #fff;                        /*设置白色边框*/
    background-color:rgba(255,0,0,0.6);           /*设置背景颜色为透明红色*/
    box-shadow: 0 0 0 10px rgba(255,0,0,0.6);     /*设置阴影扩散 10px*/
    position:absolute;                            /*设置盒子绝对定位*/
    left:10px;                                    /*定位盒子距离父盒子左边的距离*/
    bottom:-280px;                                /*定位盒子距离父盒子底部的距离*/
    color:#fff;
    transition:0.5s;                              /*设置过渡时间*/
}
```

⑥ 设置介绍内容里标题的样式。

```
#box ul li dl dt{
    font-size:24px;
    text-align:center;
}
```

⑦ 设置介绍内容里标题左右两边的横线。

制作左右两边的横线的样式：

```
#box ul li dt:before,ul li dt:after{
    content:"";              /*设置内容为空*/
    width:20px;
    border-top:2px solid rgba(255,255,255,0.5); /*设置盒子的上边框，半透明白色*/
    position:absolute;       /*设置绝对定位*/
    top:40px;                /*定位横线距离父盒子顶部的位置*/
}
```

定位左边横线的位置：

```
#box ul li dt::before{
    left:60px;               /*定位左边横线距离父盒子左边的位置*/
}
```

定位右边横线的位置：

```
#box ul li dt::after{
    right:60px;              /*定位右边横线距离父盒子左边的位置*/
}
```

⑧ 设置介绍内容的样式。

```
#box ul li dl dd{
    margin:5px;
    font-size:14px;
}
```

⑨ 设置鼠标移动到<li>时的样式。

```
#box ul li:hover dl{
    bottom:10px;             /*dl 元素距离父盒子底部的距离，实现自定义列表上移*/
}
#box ul li:hover h3{
    display:none;            /*鼠标移动到 li 标签时，h3 标签不显示*/
}
```

保存代码后，在浏览器中预览，效果如图 9-1 所示。

9.3.2 实验 2 能位移的标题列表

1．考核知识点

过渡(transition)、变形(transform)。

2．练习目标

(1) 掌握过渡效果的设置。

(2) 掌握变形中和位移效果的设置。

3．实验内容及要求

请做出如图 9-3 所示的效果，并在 Chrome 浏览器测试。

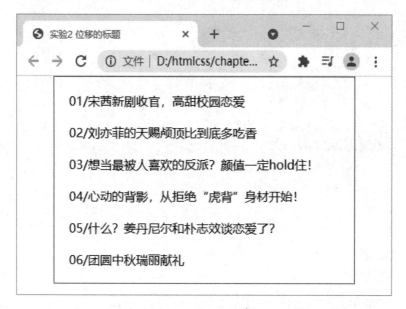

图 9-3   实验 2 效果图

要求：

(1) 鼠标移动到列表项上时，标题字体变红，标题向右移动一定的距离。鼠标离开时，标题向左移回原来的位置。

(2) 其他样式要求如图 9-3 所示的效果。

4．实验分析

1) 结构分析

内容是标题列表，用<ul>来定义，每个列表项是一个超链接。

2) 样式分析

(1) 对列表<ul>设置宽度、边距及边框。

(2) 列表项之间有间距，设置列表项的边距。

(3) 当鼠标移动到列表项上时，标题位移用变形中的 translateX()函数来实现。

(4) 当鼠标移动到列表项上时，设置标题字体色为红色。

5. 实现步骤

(1). 新建 HTML 文档，并保存为 "test2.html"。

(2) 制作页面结构。根据上面的实验分析，使用相应的 HTML 标签来搭建网页结构，代码如下所示：

```
<!doctype html>
<html>
<head>
<meta charset="utf-8">
<title>实验 2 位移的标题列表</title>
</head>
<body>
    <ul id="trans">
        <li><a href="#">01/宋茜新剧收官，高甜校园恋爱</a></li>
        <li><a href="#">02/刘亦菲的天赐颅顶比到底多吃香</a></li>
        <li><a href="#">03/想当最被人喜欢的反派？颜值一定 hold 住！</a></li>
        <li><a href="#">04/心动的背影，从拒绝"虎背"身材开始！</a></li>
        <li><a href="#">05/什么？姜丹尼尔和朴志效谈恋爱了？</a></li>
        <li><a href="#">06/团圆中秋瑞丽献礼</a></li>
    </ul>
</body>
</html>
```

(3) 样式设置。

① 清除默认样式。

```
*{
    margin: 0;
    padding: 0;
    text-decoration: none;
    list-style: none;
}
```

② 设置 ul 的样式。

```
#trans{
    width: 400px;
    border: 1px solid red;
    margin: auto;
}
```

③ 设置 li 的样式。

```
#trans li{
    margin: 20px;
```

```
    transition: 0.4s;
    }
```

④　设置超链接的样式。

```
#trans li a{
    font-family: "Microsoft YaHei";
    font-size: 16px;
    color: #000;
    }
```

⑤　设置鼠标移动到列表项上时标题位移的样式。

```
#trans li:hover{
    transform: translateX(20px);
    }
```

⑥　设置鼠标移动到列表项上时的标题字体色。

```
#trans li:hover a{
    color: red;
    }
```

保存代码后，在浏览器中预览，效果如图 9-3 所示。

9.3.3　实验 3　带延伸线动画的导航栏

1. 考核知识点

过渡(transition)、变形(transform)、伪选择器。

2. 练习目标

(1) 掌握过渡效果的设置。

(2) 掌握变形中的缩放效果的设置。

(3) 掌握伪类和伪元素选择器的使用。

3. 实验内容及要求

请做出如图 9-4 所示的效果，并在 Chrome 浏览器中测试。

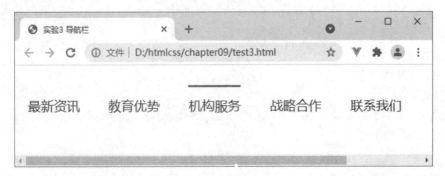

图 9-4　实验 3 效果图

要求：

(1) 鼠标移动到超链接时，文字上方就会出现一条从中间朝两边延伸变长的绿线。

(2) 其他样式要求如图 9-4 所示的效果。

4. 实验分析

1) 结构分析

导航用列表来定义，列表项里有超链接和线，线只是为了显示效果，并不需要在结构代码里体现，可以通过样式在列表项里插入。

2) 样式分析

(1) 通过 li:before 伪类选择器来插入线元素。

(2) 线从中间朝两边延伸变长，用变形中的缩放函数来实现。

5. 实现步骤

(1) 新建 HTML 文档，并保存为"test3.html"。

(2) 制作页面结构。根据上面的实验分析，使用相应的 HTML 标签来搭建网页结构，代码如下所示：

```html
<!doctype html>
<html>
<head>
<title>实验 3  导航栏</title>
</head>
<body>
<nav>
    <ul>
        <li><a href="#">最新资讯</a></li>
        <li><a href="#">教育优势</a></li>
        <li><a href="#">机构服务</a></li>
        <li><a href="#">战略合作</a></li>
        <li><a href="#">联系我们</a></li>
    </ul>
</nav>
</body>
</html>
```

(3) 样式设置。

① 清除默认样式。

```css
*{margin: 0;padding: 0;text-decoration:none;list-style: none;}
```

② 设置列表 ul 的样式。

```css
nav ul{
    width: 800px;
    height: 60px;
```

```
        margin: 30px auto;          /*设置上下边距 30 px，左右居中*/
    }
```

③ 设置列表项 li 的样式。

```
nav ul li{
    display: inline-block;          /*列表项在一行里显示*/
    margin: 0 20px;
    position: relative;             /*设为相对定位*/
}
```

④ 设置超链接 a 的样式。

```
nav ul li a{
    font-family: "微软雅黑";
    font-size: 20px;
    line-height: 60px;
}
```

⑤ 在列表项里插入线元素。

```
li:before{
    content: "";
    border-top: 3px solid green;    /*线*/
    position: absolute;             /*定义绝对定位*/
    top: 0px;                       /*设置线的位置*/
    left: 50%;
    width: 0px;
    transition: 0.5s;               /*设置过渡时间为 0.5 s*/
    transform: scale(0,0);          /*设置宽度缩放为 0*/
}
```

⑥ 鼠标移到 li 时线的缩放效果。

```
li:hover::before{
    transform: scale(1,1);          /*线变回原来的大小*/
    width: 100%;
    left: 0;
}
```

保存代码后，在浏览器中预览，效果如图 9-4 所示。

9.3.4　实验 4　蒲公英的梦想

1. 考核知识点

CSS 动画(animation)。

2. 练习目标

灵活运用 CSS 动画(animation)。

3. 实验内容及要求

请做出如图 9-5 所示的效果，并在 Chrome 浏览器中测试。

图 9-5　实验 4 效果图

要求：

(1) 当网页运行时，从窗口左上角旋转飞入 1 颗从小变大的蒲公英星，同时从窗口左底部飞入 3 颗从小变大的蒲公英星，4 颗蒲公英星淡入飞到窗口中间，再由大变小慢慢淡出消失。

(2) 在窗口的中间，4 颗蒲公英星一闪一闪地循环着从小变大再由大变小的过程。

(3) 标题从小变大淡入到窗口中间。

(4) 图 9-5 所示的是动画最终状态，在蓝色渐变色的窗口中，窗口的中间是标题，4 颗蒲公英星一闪一闪地循环着从小变大再由大变小的过程。

4. 实验分析

1) 结构分析

从效果图可以看出，界面是在一个盒子<div>中包含 8 颗蒲公英星图片和一个标题。

2) 样式分析

(1) 将最外层的大盒子的宽度和高度设置成窗口的宽高，背景蓝色渐变。

(2) 给从窗口左上角旋转飞入的 1 颗从小变大的蒲公英星设置旋转变形动画，给从窗口左底部飞入的 3 颗从小变大的蒲公英星设置缩放变形动画。淡入淡出效果设置透明度变化动画。

(3) 4 颗蒲公英星一闪一闪地循环着从小变大再由大变小的过程，设置缩放变形及透明度变化动画。

(4) 给标题设置缩放变形及透明度变化动画。

5. 实现步骤

(1) 新建 HTML 文档，并保存为 "test4.html"。

(2) 制作页面结构。根据上面的实验分析，使用相应的 HTML 标签来搭建网页结构。代码如下所示：

```
<!DOCTYPE html>
<head>
<title>蒲公英的梦想</title>
</head>
```

```
<body>
<div id="bg">
    <img    src="img/pug.png" />
    <img    src="img/pug.png" />
    <img    src="img/pug.png" />
    <img    src="img/pug.png" />
    <img    src="img/pug.png" />
    <img    src="img/pug.png" />
    <img    src="img/pug.png" />
    <img src="img/pug.png" />
    <h1>蒲公英的梦想</h1>
</div>
</body>
</html>
```

(3) 样式设置。

① 清除默认样式。

```
*{
    margin:0px;
     padding:0px;
}
```

② 设置大盒子的样式。

```
html,body{height:100%;}
  #bg{ width:100%; height:100%; min-width:1024px; position:relative;
    background: linear-gradient(#003,#03F, #003 );
}
```

③ 给从窗口左上角飞入的蒲公英星设置样式。

```
@keyframes one {
    0% { left:0px; top:0px; transform:rotate(15deg);}
    50% {left:40%;top:20%;transform:rotate(360deg); }
    51%{transform:scale(0.8,0.8);opacity:1;}
    100%{transform:scale(0,0);opacity:0;}
}
img:nth-child(1){
    position:absolute;
    animation:one 3s linear 0s both;
}
```

④ 给从窗口左底部飞入的蒲公英星设置样式。

```
@keyframes two {
    0% {left:10%; bottom:0;transform:scale(0.6,0.6);}
```

```
        50%{left:20%;bottom:35%;transform:scale(0.6,0.6);}
        51%{transform:scale(0.6,0.6);opacity:1;}
        100%{transform:scale(0,0);opacity:0;}
    }
    img:nth-child(2){ position:absolute;
        animation:two 2s linear 0s both;
    }
    @keyframes three {
        0% {left:20%; bottom:0;transform:scale(0.8,0.8);}
        50%{left:40%;bottom:40%;transform:scale(0.8,0.8);}
        51%{transform:scale(0.8,0.8);opacity:1;}
        100%{transform:scale(0,0);opacity:0;}
    }
    img:nth-child(3){ position:absolute;
        animation:three 2s linear 0s both;
    }


    @keyframes four {
        0% {left:30%; bottom:0;transform:scale(0.8,0.8);}
        50%{left:60%;bottom:45%;transform:scale(0.8,0.8);}
        51%{transform:scale(0.8,0.8);opacity:1;}
        100%{transform:scale(0.8,0.8);opacity:0;}
    }
    img:nth-child(4){ position:absolute;
        animation:four 2s linear 0s both;
    }
```

⑤ 给一闪一闪循环着从小变大再由大变小的过程的蒲公英星设置样式。

```
    @keyframes star {
        from{transform:scale(0.6,0.6);opacity:1;}
        to{transform:scale(0,0);opacity:0;}
    }
    img:nth-child(5){ position:absolute;
        right:40%;bottom:43%;
        animation:star 1s linear alternate 0s    infinite;
    }
    img:nth-child(6){ position:absolute;
        right:35%;bottom:52%;
        animation:star 2s linear alternate 0s    infinite;
    }
```

```
img:nth-child(7){ position:absolute;
    left:35%;bottom:52%;
    animation:star 1s linear alternate 0s    infinite;
}
img:nth-child(8){ position:absolute;
    left:40%;bottom:43%;
    animation:star 2s linear alternate 0s    infinite;
}
```

⑥ 给标题设置样式。

```
@keyframes mytitle {
    from{transform:scale(0,0);opacity:0;}
    to{transform:scale(1,1);opacity:1;}
}
#bg h1 {width:100%; font-family:"微软雅黑"; font-size:70px; color:#FFF ; text-align:center;
    position:absolute; top:35%;text-shadow: 0px 0px 20px #FC6;opacity:0;
    animation:mytitle 2s linear 1s both;
}
```

保存代码后，在浏览器中预览，效果如图 9-5 所示。

第 10 章　弹　性　布　局

10.1　知识点梳理

1. 弹性布局(弹性盒模型)基本概念

(1) 弹性盒子。把一个盒子的 display 属性值设为 flex，该盒子就是块级弹性盒子，把 display 属性值设为 inline-flex，该盒子就是内联级弹性盒子。

(2) 弹性元素。弹性盒子里的直系子元素就是弹性元素，弹性盒子给弹性元素之间提供了强大的空间分布和对齐能力。

(3) 主轴和交叉轴。主轴由弹性盒子的 flex-direction 属性定义，交叉轴是垂直于主轴的轴。弹性盒子的特性是沿着主轴或者交叉轴对齐之中的弹性元素。flex-direction 属性用于定义主轴，可以取 4 个值，如表 10-1 所示。

表 10-1　flex-direction 属性定义主轴

取值	描　　述
row	默认值，水平方向为主轴，垂直方向为交叉轴，弹性元素从左到右按水平方向顺序排列。主轴的起始线是弹性盒子的左边，终止线是弹性盒子的右边
row-reverse	水平方向为主轴，垂直方向为交叉轴，弹性元素从右到左按水平方向逆序排列。主轴的起始线是弹性盒子的右边，终止线是弹性盒子的左边
column	垂直方向为主轴，水平方向为交叉轴，弹性元素从上到下按垂直方向顺序排列。主轴的起始线是弹性盒子的上边，终止线是弹性盒子的下边
column-reverse	垂直方向为主轴，水平方向为交叉轴，弹性元素从下到上按垂直方向逆序排列。主轴的起始线是弹性盒子的下边，终止线是弹性盒子的上边

2. 弹性盒子的弹性属性

除 flex-direction 属性外，弹性盒子的属性还有另外 5 个，分别是 flex-wrap、flex-flow、justify-content、align-items 和 align-content。

(1) flex-wrap 属性。弹性元素在弹性盒子里装不下时，默认自动缩小元素，不换行。设置 flex-wrap 属性为 wrap 或 wrap-reverse 时，可以换行，元素大小不变。flex-wrap 属性的取值如表 10-2 所示。

表 10-2　flex-wrap 属性

取值	描　　述
nowrap	默认值，弹性元素不拆行或不拆列(只有一行或一列)，当弹性元素排不下的时候，会自动缩小排列在一行或一列
wrap	当弹性元素排不下的时候，会自动放置到新行，弹性元素会排成两行或多行、两列或多列，对应的主轴线有两条或多条，即每行和每列都有一条主轴线
wrap-reverse	反转 wrap 排列

(2) flex-flow 属性。flex-flow 是复合属性，是 flex-direction、flex-wrap 属性依次组合的缩写。例如：

flex-flow:row wrap-reverse；flex-flow:column wrap；

(3) justify-content 属性。justify-content 属性用于设置弹性元素如何在主轴方向的排列，其取值如表 10-3 所示。

表 10-3　justify-content 属性

取值	描　　述
flex-start	弹性元素紧靠主轴起点
flex-end	弹性元素紧靠主轴终点
center	弹性元素向主轴中点对齐
space-between	第一个弹性元素靠起点，最后一个弹性元素靠终点，余下的弹性元素平均分配间隔空间，弹性元素会平均地分布在主轴里
space-around	每个弹性元素两侧的间隔相等。所以，弹性元素之间的间隔比弹性元素与弹性盒子的边距的间隔大一倍
space-evenly	元素间距离平均分配

(4) align-items 属性。align-items 属性用于设置弹性元素在交叉轴方向上的排列，其取值如表 10-4 所示。

表 10-4　align-items 属性

取值	描　　述
flex-start	弹性元素紧靠交叉轴的起点对齐
flex-end	弹性元素紧靠交叉轴的终点对齐
center	弹性元素向交叉轴的中点对齐
stretch	默认值，如果弹性元素未设置高度或设为 auto，弹性元素将被拉伸至占满整个容器的高度

(5) align-content 属性。align-content 属性定义了多根主轴线(如例：多行或多列)的对齐方式。如果项目只有一根主轴线(只有一行或一列)，则该属性不起作用。该属性用于控制主轴(而不是元素)在交叉轴上的排列方式，只适用于有多根主轴线(多行或多列)显示的弹

性盒子。align-content 属性的取值如表 10-5 所示。

表 10-5　align-content 属性

选项	说　明
stretch	将空间平均分配给元素
flex-start	与交叉轴的起点对齐
flex-end	与交叉轴的终点对齐
center	与交叉轴的中点对齐
space-between	与交叉轴两端对齐，轴线之间的间隔平均分布
space-around	每根轴线两侧的间隔都相等。所以，轴线之间的间隔比轴线与边框的间隔大一倍
space-evenly	主轴线占满整个交叉轴

3. 弹性元素的弹性属性

(1) flew-grow 属性。flew-grow 属性用于定义弹性元素的放大比率，如果弹性元素设置了宽度，将把弹性元素宽度和按照 flex-grow 总和占比进行分配。flew-grow 属性默认值为 0，即不占用剩余的空间扩展自己的宽度。

(2) flex-shrink 属性。与 flex-grow 属性相反，flex-shrink 属性用于定义弹性盒子装不下弹性元素时的收缩比率。

(3) flex-basis 属性。flex-basis 属性定义了在分配多余空间之前，弹性元素占据的主轴空间，浏览器根据这个属性值来计算主轴是否有多余空间。它的默认值为 auto，即弹性元素的初始大小。flex-basis 属性优先级大于 width、height 属性，小于 min/max-width/height 属性。

(4) flex 属性。flex 属性是 flex-grow、flex-shrink、flex-basis 依次组合的缩写。例：flex: 1 0 50 px;。

(5) align-self 属性。align-self 属性用于控制单个弹性元素在交叉轴上的排列方式。align-items 属性用于控制弹性盒子中所有弹性元素的排列，而 align-self 属性用于控制一个弹性元素的交叉轴排列，以及定义单个弹性元素与其他弹性元素不一样的对齐方式。

(6) order 属性。用于控制弹性元素的排列顺序，默认值为 0，数值越小，排列越靠前，可以为负数或正数。

10.2　基　础　练　习

1. 设置弹性元素按纵轴方向顺序排列的属性及属性值是＿＿＿＿＿＿＿＿＿。
2. 弹性盒子中，flex-direction 的默认值为＿＿＿＿＿＿＿＿＿。
3. 设置弹性元素向垂直于主轴的方向上的中间位置对齐的属性及属性值是＿＿＿＿＿＿＿＿＿。
4. 设置弹性元素如何在主轴方向排列的属性是＿＿＿＿＿＿＿＿＿。

5. 设置多根主轴线(如多行或多列)的对齐方式的属性是＿＿＿＿＿＿＿＿＿＿＿＿＿。

6. flex-direction、flex-wrap 属性依次组合缩写的复合属性是＿＿＿＿＿＿＿＿＿＿＿。

7. 在弹性盒子中，用于设置弹性元素的扩展比率的属性是＿＿＿＿＿＿＿＿＿＿＿＿。

8. 在弹性盒子中，用于设置弹性元素的收缩比率的属性是＿＿＿＿＿＿＿＿＿＿＿＿。

9. 在弹性盒子中，设置弹性元素的伸缩性的属性是＿＿＿＿＿＿＿＿＿＿＿＿＿＿。

10. flex-grow、flex-shrink、flex-basis 依次组合缩写的复合属性是＿＿＿＿＿＿＿＿＿。

11. 设置弹性盒子为单行的属性及属性值是＿＿＿＿＿＿＿＿＿＿＿＿＿＿。

12. 在弹性盒子中，用于设置子元素出现的顺序的属性是＿＿＿＿＿＿＿＿＿＿＿＿。

10.3　动手实践

10.3.1　实验 1　用弹性盒子模型布局制作中秋节快乐卡

1. 考核知识点

弹性盒子模型的基本概念、弹性盒子的属性、弹性元素的属性。

2. 练习目标

(1) 熟练掌握弹性盒子的属性、弹性元素的属性。

(2) 灵活运用弹性属性进行布局。

3. 实验内容及要求

请做出如图 10-1 所示的效果，并在 Chrome 浏览器中测试。

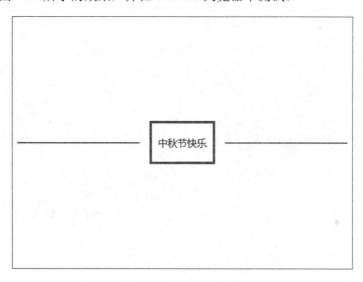

图 10-1　实验 1 效果图

要求：

(1) 使用列表<ul>来定义结构。

(2) 使用弹性盒子模型来布局。

(3) 整个大盒子在浏览器窗口居中,其他样式效果如图 10-1 所示。

4. 实验分析

1) 结构分析

最外的大盒子里包含两条线和一个小盒子,使用列表<ul>来定义大盒子,三个<li>来定义两条线和小盒子。

2) 样式分析

(1) 通过<ul>进行整体控制,需要对其设置宽度、高度及边框边距样式。

(2) 两条线使用盒子模型的边框线来设置,盒子的高度设为 0。

(3) 设置"中秋节快乐"的小盒子的高、宽、边框样式和内容居中样式。

(4) 元素居中及排列效果使用弹性布局来实现。

5. 实现步骤

(1) 新建 HTML 文档,并保存为"test1.html"。

(2) 制作页面结构。根据上面的实验分析,使用相应的 HTML 标签来搭建网页结构。代码如下所示:

```html
<!DOCTYPE html>
<html>
<head>
    <title>中秋节快乐</title>
</head>
<body>
    <ul>
        <li></li>
        <li>中秋节快乐</li>
        <li></li>
    </ul>
</body>
</html>
```

保存代码后,在浏览器中预览,效果如图 10-2 所示。

图 10-2　HMTL 结构页面效果图

(3) 定义 CSS 样式。

① 样式重置(reset)。把页面所用标签的默认内外边距都设置为 0。

```
* { padding: 0; margin: 0; }
```

② 设置整个页面的高宽充满浏览器的高宽。

```
html {height: 100%; width: 100%; }
```

③ 设置 body 的样式。设置 body 也充满浏览器的高宽，并设置为弹性盒子，设置主轴及交叉轴居中对齐，实现整个大盒子在浏览器窗口居中。

```
body {
    height: 100%;                   /*充满浏览器的高度*/
    display: flex;                  /*弹性盒子*/
    justify-content: center;        /*主轴对齐方式为居中对齐*/
    align-items: center;            /*交叉轴居中对齐方式*/
}
```

④ 设置最外大盒子<ul>的样式。

```
ul {
    list-style: none;
    border: 1px solid saddlebrown;
    width: 560px;
    height: 400px;
    display: flex;
    justify-content: space-around;   /*主轴对齐方式，每个元素两侧的间隔相等*/
    align-items: center;
}
```

⑤ 设置实现两条线的样式。两条线由列表项<li>的样式来实现。

```
ul li {
    width: 200px;
    height: 0;
    border: red 1px solid;
}
```

⑥ 设置"中秋节快乐"的小盒子的样式，设置第二个<li>列表项的样式。

```
ul li:nth-child(2) {                 /*选择到第二个 li*/
    height: 60px;
    width: 100px;
    border: red 4px solid;
    display: flex;
    justify-content: center;         /*文字内容水平居中*/
    align-items: center;             /*文字内容垂直居中*/
}
```

保存后，在浏览器中预览，效果如图 10-1 所示。

6. 总结与思考

在弹性布局中设置居中效果，只需设置弹性盒子的弹性属性 justify-content、align-items center 的值为 center，就可以实现。

10.3.2　实验 2　用弹性布局实现京东导航

1. 考核知识点

弹性盒子模型的基本概念、弹性盒子的弹性属性、弹性元素的弹性属性。

2. 练习目标

(1) 熟练掌握弹性盒子的弹性属性、弹性元素的弹性属性。

(2) 灵活运用弹性属性进行布局。

3. 实验内容及要求

请做出如图 10-3 所示的效果，并在 Chrome 浏览器中测试。

图 10-3　实验 2 效果图

要求：

(1) 利用弹性布局进行布局。

(2) 整个导航栏用<nav> 标签定义，每个导航项用<a>标签定义。

(3) 整个导航栏的宽度是 750 px，高度是 300 px，图片的高宽为 120 px，排列样式效果如图 10-3 所示。

4. 实验分析

1) 结构分析

此页面整体可以分析为在一个大盒子里有 10 个链接,导航栏大盒子用<nav>标签定义，链接使用<a>标签定义，每个<a>标签中包含图片和标题，图片用<img>标签定义，标题用<span>标签定义。结构分析如图 10-4 所示。

图 10-4 结构分析图

2) 样式分析

10 个导航项整体分成两行均匀的分布在导航栏中，用弹性布局的横向换行排列来实现导航的整体布局。每个导航项的内容都居中在导航项中，用弹性布局的垂直排列居中来实现每个导航项的布局。

5. 实现步骤

(1) 新建 HTML 文档，并保存为"test2.html"。

(2) 制作页面结构。根据上面的实验分析，使用相应的 HTML 标签来搭建网页结构。代码如下所示：

```
<!DOCTYPE html>
<html>
<head>
    <meta charset="UTF-8">
    <meta name="viewport" content="width=device-width, initial-scale=1.0">
    <title>京东</title>
</head>
<body>
    <nav>
        <a href="#"><img src="./images/1.jpg" alt=""><span>京东超市</span></a>
        <a href="#"><img src="./images/2.jpg" alt=""><span>数码电器</span></a>
        <a href="#"><img src="./images/3.jpg" alt=""><span>京东服饰</span></a>
        <a href="#"><img src="./images/4.jpg" alt=""><span>京东生鲜</span></a>
        <a href="#"><img src="./images/5.jpg" alt=""><span>京东到家</span></a>
        <a href="#"><img src="./images/6.jpg" alt=""><span>充值缴费</span></a>
        <a href="#"><img src="./images/7.jpg" alt=""><span>物流查询</span></a>
        <a href="#"><img src="./images/8.jpg" alt=""><span>领卷</span></a>
        <a href="#"><img src="./images/9.jpg" alt=""><span>领金贴</span></a>
```

```
            <a href="#"><img src="./images/10.jpg" alt=""><span>PLUS 会员</span></a>
      </nav>
   </body>
```

(3) 样式设置。

① 设置导航栏<nav>元素的样式。

```
nav {
      width: 750px;
      height: 300px;
      margin: 20px auto;
      display: flex;              /*设<nav>元素为弹性盒子*/
      flex-wrap: wrap;            /*换行*/
      border: solid 1px red;
}
```

② 设置导航项<a>标签的样式。

```
nav a {
      width: 150px;
      height: 150px;
      display: flex;              /*设<a>元素为弹性布局*/
      flex-direction: column;     /*主轴方向为垂直方向*/
      justify-content: center;    /*主轴居中对齐*/
      align-items: center;        /*交叉轴居中对齐*/
      text-decoration: none;      /*去除<a>标签默认下画线*/
}
```

保存代码后，在浏览器中预览，效果如图 10-3 所示。

6. 总结与思考

弹性布局代码精简，在布局中如果可以使用弹性布局的就使用弹性布局，这样能够提高开发效率。

第11章　多媒体与开放平台实用工具的应用

11.1　知识点梳理

1. <video>标签

<video>标签用于定义播放视频文件,支持三种视频格式,分别为Ogg、WebM和MPEG4格式,其基本语法格式如下:

<video src="视频文件路径"controls="controls">您的浏览器不支持 video 标签</video>

src、controls 这两个属性是 video 元素的基本属性。<video>标签的常用属性如表 11-1 所示。

表 11-1　<video>标签的常用属性

属性	取值	取 值 说 明
src	路径	设置视频文件的路径
controls	controls	如果出现该属性,则显示播放控制控件
height	像数值	设置视频播放器的高度
width	像数值	设置视频播放器的宽度
loop	loop	如果出现该属性,则当媒体文件播放完后再次开始播放
autoplay	autoplay	如果出现该属性,则视频在就绪后马上播放
preload	preload	如果出现该属性,则视频在页面加载时进行加载,并预备播放;如果使用"autoplay",则忽略该属性

2. <audio>标签

<audio>标签定义播放音频文件,它支持三种音频格式,分别为 Ogg、MP3 和 Wav 等格式,其基本格式如下:

<audio src="音频文件路径"controls="controls">您的浏览器不支持 audio 标签</audio>

src 属性用于设置音频文件的路径,controls 属性用于为音频提供播放控件,这和 video 元素的属性非常相似,它的使用方法与<video>标签基本相同。

3. <iframe>标签

<iframe>标签以<iframe>开头,以</iframe>结尾,一般用来包含别的页面,可以理解为浏览器中的浏览器。iframe 标签的常用属性如下:

align：left、right、top、middle、bottom。设置如何根据周围的元素来对齐此框架。

frameborder：1、0。设置是否显示框架周围的边框。

height：pixels、%。设置 iframe 的高度。

width：pixels、%。设置 iframe 的宽度

marginheight：pixels。设置 iframe 的顶部和底部的边距。

marginwidth：pixels。设置 iframe 的左侧和右侧的边距。

name：frame_name。设置 iframe 的名称。

scrolling：yes、no、auto。设置是否在 iframe 中显示滚动条。

src：URL。设置在 iframe 中显示的文档的 URL。

4. <embed>标签

<embed>标签用来插入各种多媒体，格式可以是 midi、wav、aiff、au 等，其属性设定较多，例如：

```
<embed src="your.mid" autostart="true" loop="true" hidden="true">
```

<embed>标签的常用属性如下：

src：设定媒体文件及路径。

autostart：设定是否在媒体文档下载完之后就自动播放。取值 true 表示是，false 表示否(内定值)。

loop：设定是否自动反复播放。取值 loop=2 表示重复两次，true 表示是，false 表示否。

hidden：设定是否完全隐藏控制画面。取值 true 为是，no 为否(内定值)。

starttime：设定歌曲开始播放的时间。如 starttime="00:30"表示从第 30 秒处开始播放。

volume：设定音量的大小，数值是 0 到 100 之间。内定值则为使用系统本身的设定。

width、height：设定控制面板的高度和宽度(hidden="no")。

align：设定控制面板和旁边文字的对齐方式，其值可以是 top、bottom、center、baseline、left、right、texttop、middle、absmiddle、absbottom 等。

controls：设定控制面板的外观，预设值是 console。其值可以是 console(一般正常面板)、smallconsole(较小的面板)、playbutton(只显示播放按钮)、pausebutton(只显示暂停按钮)、stopbutton(只显示停止按钮)、volumelever(只显示音量调节按钮)。

5. 开放平台

开放平台是偏向业务的集成性的平台软件，主要用于把大量的业务技术模块进行封装抽象，提取成为可配置的软件组件，方便使用者进行配置、开发，最终形成软件应用系统的一种软件类型。

11.2　基　础　练　习

1. 在 HTML5 中，video 元素有 src、＿＿＿＿、＿＿＿＿、＿＿＿＿、＿＿＿＿等属性。

2. HTML5 中，调用网络视频文件的方法和调用音频文件的方法类似，也需要获取相关视频文件的＿＿＿＿地址。

3. HTML5 中视频的常见格式有＿＿＿＿、＿＿＿＿、＿＿＿＿等。

4. HTML5 中音频的常见格式有＿＿＿＿、＿＿＿＿、＿＿＿＿等。

5. 在 HTML5 中，video 元素的＿＿＿＿属性用于当视频结束时又重新开始播放。

6. 在 HTML5 中，video 元素的＿＿＿＿属性用于当页面载入完成后自动播放视频。

7. 在 HTML5 中，audio 标签的_____属性用于为音频提供播放控件。

11.3　动手实践

11.3.1　实验 1　制作学校的地图名片

1. 考核知识点

百度地图 API 地图名片。

2. 练习目标

(1) 掌握百度地图 API 地图名片，并制作需要的地图名片。

(2) 掌握在网页中添加地图名片的方法。

3. 实验内容及要求

请做出如图 11-1 所示的效果，并在 Chrome 浏览器中测试。

图 11-1　桂林电子科技大学北海校区的地图名片效果图

要求：在网页中插入学校的百度地图名片。

4. 实验分析

通过百度地图名片制作学校的地图名片，方法是把百度地图名片生成的代码复制到网页相应的位置。

5. 实现步骤

(1) 新建 HTML 文档，并保存为"map.html"。

(2) 登录百度地图名片制作网站(http://api.map.baidu.com/mapCard/)，点击"开始制作"。

(3) 录入学校基本信息。

① 录入单位名称。

② 填写位置信息：行政区域划分、街道门址；点击"📍定位到地图"。

③ 填写单位联系信息等。如图 11-2 所示。

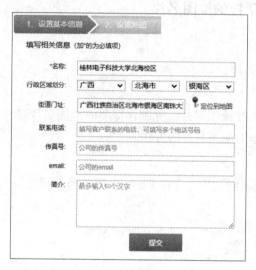

图 11-2　填写学校基本信息

(4) 设置地图。单击提交后，跳转到如图 11-3 所示设置地图界面。

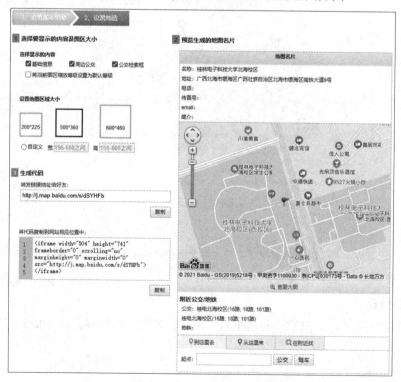

图 11-3　设置地图界面

① 在界面左边区域选择要显示的内容及图区的大小。

② 在界面右边区域预览生成的地图名片。

③ 生成的代码，包含有转发给好友链接地址和网站用的代码。生成的代码如下：

```
<iframe width="504" height="741" frameborder="0" scrolling="no" marginheight="0" marginwidth="0"
src="http://j.map.baidu.com/s/dSYHFb"></iframe>
```

(5) 将代码复制到网页的相应位置。将代码复制到<body>中。代码如下：

```
<!DOCTYPE html>
<html>
<head>
<meta http-equiv="Content-Type" content="text/html; charset=utf-8" />
<title>地图名片</title>
</head>
<body>
    <iframe width="504" height="741" frameborder="0" scrolling="no" marginheight="0" marginwidth=
"0" src="http://j.map.baidu.com/s/dSYHFb"></iframe>
</html>
```

保存代码后，在浏览器中预览，效果如图 11-1 所示。

6. 总结与扩展

百度地图 API 不仅可以免费生成地图名片，还有很多其他功能，详情请登录百度地图 API 网站(http://lbsyun.baidu.com/)查看。

11.3.2　实验 2　在网站上设置 QQ 在线客服

1. 考核知识点

QQ 通讯组件的应用。

2. 练习目标

(1) 掌握在网站上设置 QQ 在线客户。

(2) 掌握腾讯社区开放平台中功能组件的应用。

3. 实验内容及要求

请做出如图 11-4 所示的效果，并在 Chrome 浏览器中测试。

要求：

(1) QQ 图标固定显示在浏览器的右侧，离浏览器的顶部有一定的距离。

(2) 点击 QQ 图标发起临时会话。

图 11-4　QQ 在线客服效果图

4. 实验分析

利用 QQ 通讯组件实现生成图标，实现临时会话功能。利用固定定位实现图标固定显示在浏览器的右侧且与浏览器的顶部有一定的距离的布局。

5. 实现步骤

(1) 新建 HTML 文档，并保存为 "qq.html"。

(2) 登录 QQ 推广网站(http://shang.qq.com/v3/index.html)，点击 "推广工具"，如图 11-5 所示。

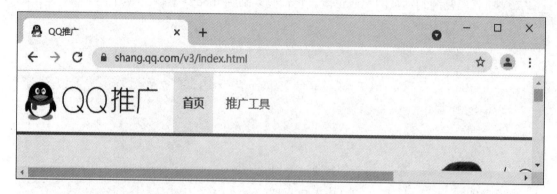

图 11-5　QQ 推广界面

(3) 提示登录 QQ 号对话框，如图 11-6 所示。

图 11-6　QQ 号登录对话框

可以选择使用 QQ 手机版扫描二维码登录或用 QQ 账号密码登录。

(4) 设置 QQ 通讯组件样式。登录后，进入到 QQ 通讯组件设置页面，如图 11-7 所示，选择组件样式，填写提示语。

图 11-7　QQ 通讯组件设置页面

(5) 复制代码粘贴到网页的相应位置。点击"复制代码",把代码粘贴到 QQ 标图的盒子中,代码如下:

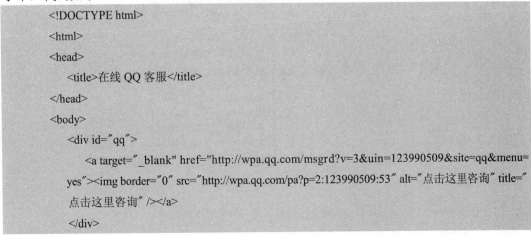

```
<!DOCTYPE html>
<html>
<head>
    <title>在线 QQ 客服</title>
</head>
<body>
    <div id="qq">
        <a target="_blank" href="http://wpa.qq.com/msgrd?v=3&uin=123990509&site=qq&menu=
yes"><img border="0" src="http://wpa.qq.com/pa?p=2:123990509:53" alt="点击这里咨询" title="
        点击这里咨询" /></a>
    </div>
```

```
    </body>
    </html>
```

(6) 给 QQ 图标的盒子设置样式。

```
#qq{
    position:fixed;              /*设置盒子为固定定位方式*/
    right:0px; top:100px;              /*设置固定定位坐标*/
}
```

保存代码后，在浏览器中预览，效果如图 11-4 所示。

6. 总结与扩展

本实验中用到的是 QQ 通讯组件，在 QQ 互联网站(http://connect.qq.com/)上，还提供分享组件、赞组件、关注组件等功能组件。

11.3.3　实验 3　社会化分享按钮

1. 考核知识点

社会化分享工具的应用。

2. 练习目标

掌握社会化分享工具的应用。

3. 实验内容及要求

请做出如图 11-8 所示的效果，并在 Chrome 浏览器中测试。

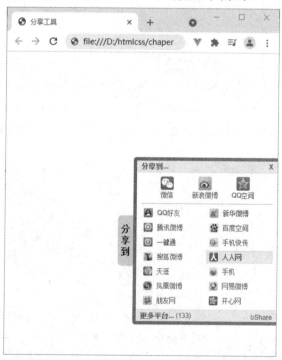

图 11-8　社会化分享工具右侧的悬浮式效果

　　要求：利用 bShare 社会化分享工具，制作侧栏悬浮式分享工具栏。

4. 实验分析

　　bShare 是中国最专业、最强大的社会化分享服务商，提供能分享到 QQ 空间、新浪微博、人人网等网站的分享功能。bShare 提供的分享工具形式、按钮样式和分享风格多种多样，本例中的左侧悬浮式效果是其中的一种。

5. 实现步骤

　　(1) 新建 HTML 文档，并保存为"bShare.html"。

　　(2) 登录"http://www.bshare.cn/"网站。如图 11-9 所示，点击"bShare 安装"，进入到"bShare 安装"界面。

图 11-9　bShare 分享网站

　　(3) 选择平台。在"bShare 安装"界面选择平台，在此选择"一般网站"平台，如图 11-10 所示。

图 11-10　选择"一般网站"平台

　　(4) 设置按钮风格及样式。在此选择设置按钮风格为"标准"风格，如图 11-11 所示。

图 11-11　设置按钮风格

　　点击"选择其他按钮样式"，进入到"更多样式"界面。按钮样式有横条式、按钮式、悬浮式，如图 11-12 所示。

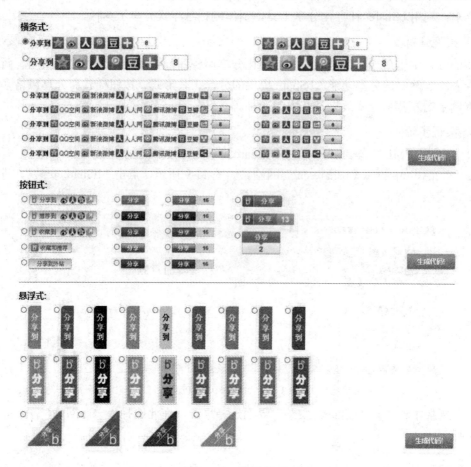

图 11-12　按钮样式

在此选择悬浮式中最中间的灰底黑字的按钮样式，选择好后，点击"生成代码"按钮。

(5) 复制代码粘贴到网页的相应位置。将复制的代码粘贴到网页的<body>和</body>标签对之间的任意位置。HTML 文档代码如下：

```
<!DOCTYPE html>
<html>
<head>
    <title>分享工具</title>
</head>
<body>
    <a class="bshareDiv" href="http://www.bshare.cn/share">分享按钮</a>
    <script type="text/javascript" charset="utf-8"
        src="http://static.bshare.cn/b/buttonLite.js#uuid=&amp; style=3&amp; fs=4&amp;
textcolor=#000&amp; bgcolor=#DDD&amp; text=分享到">
    </script>
</body>
</html>
```

保存代码后，在浏览器中预览，效果如图 11-8 所示。

6. 总结与扩展

除 bShare 社会化分享工具外，还有 JiaThis™ 等社会化分享工具。

11.3.4　实验 4　网页中应用视频分享

1. 考核知识点

网页中视频分享代码的应用。

2. 练习目标

优酷视频网站分享通用代码的应用。

3. 实验内容及要求

请做出如图 11-13 所示的效果，并在 Chrome 浏览器中测试。

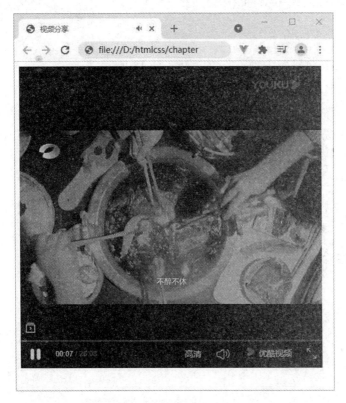

图 11-13　实验 4 效果图

要求：在网页中放入优酷视频(例：巴适的十一街：浸浴齿间的深沉回味)。

4. 实验分析

优酷视频分享的功能提供了分享通用代码，将代码加入到网页中，即可插入优酷视频。

5. 实现步骤

(1) 新建 HTML 文档，并保存为"youku.html"。

(2) 在网页中放入优酷视频。登录优酷网站(https://www.youku.com/)，搜索到"巴适的十一街：浸浴齿间的深沉回味"，进入该视频播放页面，在该页面视频播器下方点击"分享"按钮，再点击"复制通用代码"，代码就被复制成功。

(3) 将复制的代码粘贴到网页的相应位置。将复制的代码粘贴到网页的<body>和</body>标签对之间放视频的位置。HTML 文档代码如下：

```
<!DOCTYPE html>
<html lang="en">
<head>
    <title>视频分享</title>
</head>
<body>
    <iframe height=498 width=510 src='https://player.youku.com/embed/XNDg0MzU1MTM2OA=='
        frameborder=0 'allowfullscreen'></iframe>
</body>
</html>
```

保存代码后，在浏览器中预览，效果如图 11-13 所示。

6. 总结与扩展

利用优酷视频分享 HTML 代码可以轻松的在网站上播放视频，我们在制作含有视频的网站时，可以考虑先把视频上传到优酷网站上，然后再通过分享放入自己的网站。

第 12 章　网页布局综合实践

12.1　知识点梳理

1. 布局流程

(1) 确定页面的版心。

(2) 从上到下分析页面中的行模块。

(3) 分析每个行模块中的列模块。

(4) 运用弹性布局以及盒子模型的内外边距、浮动、定位属性来控制网页各个模块的布局位置。

2. 常见布局

(1) 单列布局。如果网页内容从上到下只有一列，可以用标准文档流实现布局。

(2) 两列布局。若网页内容分为左右两块，则用浮动实现左右排列布局。左边的块往左浮动，右边的块往右浮动。

在标准文档流中，块级元素默认一行只能显示一个，浮动用于实现多列功能，即使用 float 属性可以实现一行显示多个块级元素的功能。

(3) 三列布局或多列式布局。网页内容被分成并列的三块或多块，设各块为浮动，或把块设为行级块。多列布局也可以用弹性布局来实现。

12.2　基础练习

制作如图 12-1 所示的图片展。下列实现代码不规范，请指出结构和样式有哪些问题，并优化下列代码。

图 12-1　图片展效果图

```
<!DOCTYPE html>
<html>
<head>
<meta charaset="utf-8" />
<title></title>
<style>
    #main{
        width:400px;
        height:200px;
        margin:0 auto;
        font-family:宋体;
        font-size:14px;}
    .item{width:160px;height:100px;margin:13px}
    .item p{
        color:blue;
        text-decoration:none;
        cursor:pointer;
        margin-top:-3px;}
    ul{padding:0;}
    li{list-style:none;float:left;}
</style>
</head>
<body>
<div id="main">
    <ul>
        <li>
            <div class="item">
                <img src="1.png" style="padding:4px;border:1px solid #ccc;" />
                <p>桂电校园 <span style="color:#ccc;">-</span><small>教学楼</small>
                    <img src="play.png" style="position:relative;top:4px;left:45px;" />
                </p>
            </div>
        </li>
        <li>
            <div class="item" >
                <img src="2.png" style="padding:4px;border:1px solid #ccc;" />
                <p>桂电校园 <span style="color:#ccc;">-</span><small>足球运动场</small>
                    <img src="play.png" style="position:relative;top:4px;left:20px;" />
                </p>
            </div>
```

```
        </li>
      </ul>
  </div>
</body>
</html>
```

<h1 style="text-align:center">12.3　动　手　实　践</h1>

实验　模仿制作"时尚芭莎"网站首页

1．考核知识点

掌握站点的建立方法、综合应用 HTML 标签、CSS 样式属性以及布局和排版等。

2．练习目标

(1) 掌握站点建立的方法。

(2) 按照网页设计图制作网页。

(3) 实现网页布局、样式的设置。

3．实验内容及要求

本实验模仿的"时尚芭莎"网站首页设计图(因考虑到篇幅，在此只模仿部分内容效果)如图 12-2 所示，按此设计图制作完成整个页面，要求制作的页面与设计图稿保持一致。

图 12-2　效果图

4. 实验分析

本实验要完成一个网站的整个页首，涉及到样式文件、网页文件以及较多图片文件。为了系统管理网站的文件，需要建立一个专门存放网站中用到的文件的文件夹。

1) 页面布局分析

整个页面从上到下依次可以分为头部、轮播图、时装潮流、24 小时热门排行、脚部等五个模块，布局分析如图 12-3 所示。

图 12-3　首页面布局分析图

2) CSS 样式分析

页面的版心为 1000 px，各模块都水平居中在窗口中，页面所用字体均为微软雅黑，这些共同的样式可以提前定义。

5. 实现步骤

1) 建立站点

(1) 创立站目录。在 "d:\htmlcss" 文件夹下建立 "chapter12" 文件夹作为网站的根目录，在该目录下新建"CSS""image"文件夹，分别用于保存网站所需的 CSS 样式表和图片文件，目录结构如图 12-4 所示。

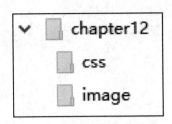

图 12-4　网站目录结构

（2）创建站点。打开 Dreamweaver，选择菜单"站点"→"新建站点"命令，打开"站点设置对象"对话框，在该对话框左侧列表中选择"站点"选项，然后在右侧的"站点名称"中输入站点的名称"时尚芭莎"，本地站点文件夹设为"d:\htmlcss\chapter12"，如图 12-5 所示。单击"保存"按钮，这时如果在"文件"面板中可以查看到站点的文件夹信息，则表示站点创建成功。

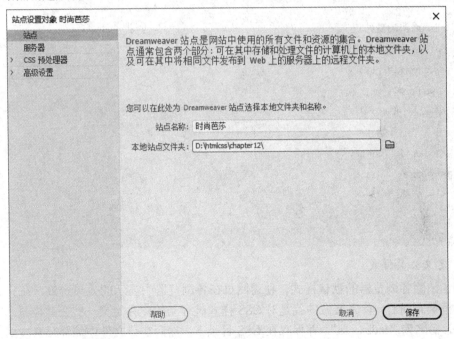

图 12-5　"站点设置对象"对话框

2）网站的根目录

在网站的根目录下，新建 HTML 文档文件，命名为"index.html"（首页文件名一般用"index"命名）。

3）首页的整体布局结构

前文已对首页进行了布局分析，接下来用代码实现，具体代码如下：

```
<!DOCTYPE HTML>
<html>
```

```
<head>
    <title>模仿"时尚芭莎"</title>
</head>
<body>
<!-- 头部开始 -->
<header>
</header>
<!-- 头部结束 -->
<!-- 轮播图开始 -->
<section id="Carousel">
</section>
<!-- 轮播图结束 -->
<!-- 时尚潮流开始 -->
<section id="fashion">
</section>
<!-- 时尚潮流结束 -->
<!-- 24 小时热门排行开始-->
<section id="links">
</section>
<!-- 24 小时热门排行结束->
<!-- 脚部开始 -->
<footer id="foot-nav">
</footer>
<!-- 脚部结束 -->
</body>
</html>
```

4) 定义公共样式

为了清除各浏览器的默认样式，使得网页在各浏览器中显示的效果一致，在完成首页的整体框架布局后，首先要做的就是对 CSS 样式进行初始化并定义一些公共样式。新建样式文件，命名为"index.css"，并保存在 CSS 目录下，然后在该文件中编写公共样式，具体如下：

```
/*样式重置(reset)*/
*{margin:0px;padding:0px;borber:0;list-style:none;text-decoration:none;}
/*全局控制*/
html{display: flex;justify-content: center;}              /*设备模块都水平居中*/
body{ font-family: "微软雅黑"; color: #333; width:1000px;}   /*页面的版心为 1000 px*/
```

5) 各模块制作

(1) 头部模块——Logo 和导航实现。

① 结构分析。观察效果图可看出，网页的头部可以分为上部分(Logo)和下部分(导航)两部分，Logo 图片可以用图片标签<img>定义，导航项用<a>标签来定义。

② 准备图片素材。准备 Logo 图片文件 "logo.jpg"，保存在 "image/" 文件夹下。

③ 搭建结构。在完成准备工作后，接下来开始搭建 Logo 和导航的结构。在 "index.html" 文件内的 "<header></header>" 标签对中添加 Logo 和导航 Nav 的 HTML 结构代码，具体如下：

```
<header>
    <!-- logo -->
    <h1 id="logo"><img src="./image/logo.jpg" alt=""></h1>
    <!-- 导航 -->
    <nav>
    <a href="#">首页</a>
    <a href="#">明星娱乐</a>
    <a href="#">时装潮流</a>
    <a href="#">美容造型</a>
    <a href="#">职场乐活</a>
    <a href="#">专题</a>
    <a href="#">图库</a>
    <a href="#">视频</a>
    <a href="#">芭莎达人团</a>
    </nav>
</header>
```

④ 设置样式。在样式表 "index.css" 中添加对应的 CSS 样式代码，具体如下：

(a) 设置 Logo 标题样式，代码如下：

```
#logo{
    display: flex;justify-content: center;      /*logo 图标水平居中*/
    padding: 20px 0 5px 0;                      /*上下为距离*/
}
```

(b) 设置导航栏样式，代码如下：

```
header nav{
    display: block; height: 42px; line-height: 42px;
    border-bottom: 2px solid ;    font-size: 18px;}
header nav a{ padding:15px; }
header nav a:hover{color: red;}
```

保存 "index.css" 样式文件，并在 "index.heml" 文件中链入外部文件 "index.css" 样式文件，具体代码如下：

```
<link rel="stylesheet"  type="text/css"  href="css/index.css">
```

保存 "index.html" 文件，在浏览器预览，效果如图 12-6 所示。

图 12-6　头部制作效果图

（2）制作轮播图。当鼠标移动到轮播图上时的效果如图 12-7 所示。

图 12-7　轮播效果图

① 结构样式分析。图片显示在一个盒子里，盒子底部有一行文字信息，文字信息用 <p> 标签定义，图片左右两侧分别是两个图片按钮，用 <img> 标签定义。

提示信息在盒子的最下面，并且在图片的上面，可以用绝对定位来实现；两个图片按钮在提示信息的左右两侧，并且在提示信息的上面，可以用绝对定位来实现。

一排色块轮播按钮用列表 <ul> 标签定义，整排按钮定位在盒子外右下角，用绝对定位来实现。

② 准备图片素材。准备轮播图片文件"1.png"，左右两侧按钮图片"left.jpg""right.jpg"，保存在"image"文件夹下。

③ 搭建结构。在首页文档 index.html 的"<section id=″Carousel″></ section >"标签中添加轮播结构代码，具体代码如下：

```
<section id=″Carousel″>
    <img src=″./image/1.png″ />
    <p>谢霆锋：中国"功夫"</p>
    <ul>
        <li ></li>
        <li></li>
```

```
        <li></li>
        <li class="active"></li>
        <li></li>
        <li></li>
    </ul>
    <img src="./image/left.jpg" id="prev"/>
    <img src="./image/right.jpg" id="next"/>
</section>
```

④ 设置样式。

(a) 设置控制轮播整体的大盒子样式，代码如下：

```
#Carousel {
    height: 500px;
    position: relative;    margin: 10px auto;
}
```

(b) 设置轮播按钮<ul>、<li>的样式，代码如下：

```
#Carousel ul {
    position: absolute;    bottom: 17px;right: 22px;}
#Carousel li {
    display: inline-block;width: 14px;height: 14px;
    margin-left: 8px;
    border: 1px solid #fff;border-radius: 50%;
}
#Carousel    .active {
    background: #fff;
}
```

(c) 设置文字信息<p>的样式，代码如下：

```
#Carousel p {
    position: absolute;    left: 0;bottom: 0;
    width: 100%;height: 60px;
    line-height: 60px;text-align: left;
    text-indent: 2em;color: #fff;
    background: rgba(0, 0, 0, 0.5);
    opacity: 0; transition:all 0.5s;
}
```

(d) 设置左右两个按钮的样式，代码如下：

```
#Carousel #prev,#Carousel #next{
    position:absolute; bottom: 210px;
    cursor:pointer;
    opacity: 0; transition:all 0.5s;}
```

```
#Carousel #prev{ left:0; }
#Carousel #next{ right:0; }
```

(e) 设置鼠标移到轮播图上的样式，代码如下：

```
#Carousel:hover p{opacity: 1;}
#Carousel:hover #prev{opacity: 1;}
#Carousel:hover #next{opacity: 1;}
```

保存文件，并刷新页面，预览效果。

(3) 制作时尚潮流模块。当鼠标移动到时尚潮流模特图上时的效果如图 12-8 所示。

图 12-8　时尚潮流模块效果图

① 结构样式分析。该模块可以分为上、下两部分，上面的部分是标题，用<h1>来定义；下面的部分是时尚潮流展示区，展示区展示了 5 个时尚潮流，每个时尚潮流都展示 1 张模特图片和文字信息，这一系列时尚潮流用列表<ul>来定义，每个列表项有图片和文字信息区域，文字信息由标题和段落来定义。5 个时尚潮流的布局用弹性布局来实现。

在页面中文字信息是不显示的，只有当鼠标移动到模特图上时，文字信息才会从小大到渐入到图片中间，同时图片也渐渐变大；当鼠标离开模特图时，文字信息和图片都渐回到原来的状态，这样的效果用过渡和变形来实现。

② 准备图片素材。本实验所需要的图片素材包括 1 张标题图"index-title.jpg"和 5 张模特图"1.jpeg~5.jpeg"，都保存在"image"文件夹下。

③ 搭建结构。在首页文档 index.html 的"<section id="fashion"></section>"标签中添加时尚潮流内容结构代码，具体代码如下：

```
<section id="fashion">
    <h2 title="时尚潮流"></h2>
    <ul>
        <li>
            <img src="./image/1.jpeg" alt="" style="width: 500px; height: 500px;">
            <div>
```

```
        <h3>FENDI 打造的"欲望都市",最想拥有的竟然不是法棍包?</h3>
        <p>It's not just a Brand, it's FENDI !</p>
    </div>
</li>
<li>
    <img src="./image/2.jpeg" alt="" style="width: 250px;height: 250px;">
    <div>
        <h3>TOD'S 让我感受到了成年人轻松的一瞬间</h3>
        <p>一部女性群像短剧,道来 TOD'S 的优雅"轻"。</p>
    </div>
</li>
<li>
    <img src="./image/3.jpeg" alt="" style="width: 250px;height: 250px;">
    <div>
        <h3>跨越地球两端,Prada 平行时空上演"双城记"</h3>
        <p>如何穿出适合自己的穿衣风格,真相竟然是这样?</p>
    </div>
</li>
<li>
    <img src="./image/4.jpeg" alt="" style="width: 250px;height: 250px;">
    <div>
        <h3>关于初心的夏日童话</h3>
        <p>"重拾联结",Ferragamo 用一场意式浪漫回归初心,再次出发。</p>
    </div>
</li>
<li>
    <img src="./image/5.jpeg" alt="" style="width: 250px;height: 250px;">
    <div>
        <h3>DIOR 邀请你玩一场打破陈规的游戏</h3>
        <p>DIOR 版「鱿鱼游戏」,命运的轮盘该怎么转?</p>
    </div>
</li>
    </ul>
</section>
```

④ 设置样式。

(a) 设置标题的样式,代码如下:

```
#fashion h2{
    height: 70px;
    background: url(./image/index-title.jpg) no-repeat center -70px;
```

```
    margin: 20px auto;
}
```

(b) 设置控制整个时尚潮流区域的样式，代码如下：

```
#fashion ul{
    height: 500px;
    display: flex;
    flex-direction: column; flex-wrap: wrap;
}
```

(c) 设置当前每个时尚潮流的样式，代码如下：

```
#fashion ul li{
    width: 250px; height: 250px;
    position: relative; overflow: hidden;
cursor: pointer;
}
```

(d) 设置第一个时尚潮流的样式。第一个时尚潮流的高宽与其它的不一样，代码如下：

```
#fashion ul li:first-child{
    width: 500px;
    height: 500px;
}
```

(e) 设置文字信息区域的样式，代码如下：

```
#fashion ul li div{
    height: 100%; padding: 20px; box-sizing: border-box;
    position: absolute; top: 0; left: 0;
    display: flex; flex-direction: column;
    justify-content: center; align-items:center;
    color: #fff;
    opacity: 0;transform: scale(1.2);transition:all 0.5s;
}
```

(f) 设置文字信息标题的样式，代码如下：

```
#fashion div h3{
    font-size: 21px;text-align: center;
    margin:5px 0 10px;
}
```

(g) 设置鼠标移动到模特图上时的样式，代码如下：

```
#fashion ul li:hover div {
    opacity: 1;
    transform: scale(1);
}
#fashion ul li img { transition:all 0.5s;}
```

```
#fashion ul li:hover img { transform: scale(1.2);}
```

保存文件，刷新页面，预览效果。

(4) 制作 24 小时热门排行模块。鼠标移动到排行列表上的效果如图 12-9 所示。

24小时热门排行		
1　夏天衣服别着急扔，这几件还能拯救一下	2　与Frame 2021秋季系列相约暖秋之旅	3　潮出Beat, MLB 2021 Seamball系列来袭
4　这次"跨越千年"的拍摄中，他们有很多...	5　SILKY MIRACLE官宣品牌代言人奚梦瑶	6　穿越回古代过中秋是什么体验？
7　LESS携手品牌代言人周迅推出首个明星联...	8　极繁与极简并存，MaxMara发布2021秋...	9　总少一件的完美风衣，哪里买？

图 12-9　24 小时热门排行模块效果图

① 结构样式分析。此模块由标题和热门排行链接区域组成，标题用<h>标签来定义，超链接用<a>标签定义。超链接前的序号用<span>标签来定义。鼠标移动至排行链接上时，文字变红色。用弹性布局来实现热门排行链接区域的布局

② 搭建结构。在首页文档 index.html 的 "<section id="links"></ section>" 标签中添加 24 小时热门排行结构代码，具体代码如下：

```
<section id="links">
    <h2>24 小时热门排行</h2>
    <div class="linklist">
        <a href="#"><span>1</span><em>夏天衣服别着急扔，这几件还能拯救一下</em></a>
        <a href="#"><span>2</span><em>与 Frame 2021 秋季系列相约暖秋之旅</em></a>
        <a href="#"><span>3</span><em>潮出 Beat，MLB 2021 Seamball 系列来袭</em></a>
        <a href="#"><span>4</span><em>这次"跨越千年"的拍摄中，他们有很多话想说...</em></a>
        <a href="#"><span>5</span><em>SILKY MIRACLE 官宣品牌代言人奚梦瑶</em></a>
        <a href="#"><span>6</span><em>穿越回古代过中秋是什么体验？</em></a>
        <a href="#"><span>7</span><em>LESS 携手品牌代言人周迅推出首个明星联名系列</em></a>
        <a href="#"><span>8</span><em>极繁与极简并存，MaxMara 发布 2021 秋冬系列</em></a>
        <a href="#"><span>9</span><em>总少一件的完美风衣，哪里买？</em></a>
    </ul>
</section>
```

③ 设置样式。

(a) 设置大盒子的样式，代码如下：

```
#links{
    height: 195px;
    margin-top: 20px;
}
```

(b) 设置标题的样式，代码如下：

```
#links h2 {
    font-size: 22px;
    width: 400px;
```

```
        height: 30px;

        line-height: 30px;

        text-align: center;

        border-bottom: 2px solid #333;

        margin: 0 auto 10px;

    }
```

(c) 设置热门排行链接区域的布局样式，代码如下：

```
#links .linklist {

    display: flex;

    flex-flow: row wrap;

    justify-content: space-between;

    align-content: space-between;

}
```

(d) 设置排行链接的样式，代码如下：

```
#links .linklist a {

    display: block;

    width: 300px;

    height: 50px;

    line-height: 50px;

    border-bottom: 1px solid #ccc;

    overflow: hidden;

    text-overflow: ellipsis;

    white-space: nowrap;

}
```

(e) 设置排行链接文字的样式，代码如下：

```
#links .linklist a em{

    font-size: 14px;

    font-style: normal;

}
```

(f) 设置排行链接序号的样式，代码如下：

```
#links .linklist a span {

    font-size: 22px;

    margin-right: 15px;

    vertical-align: middle;

}
```

(g) 鼠标移动到链接时的样式，代码如下：

```
#links .linklist    a:hover {

    color: red;

}
```

保存文件，刷新页面，预览效果。

(5) 制作脚部导航区块。

① 结构分析。此区块为导航栏，导航栏中的各项用<a>标签来定义。导航栏效果如图 12-10 所示。

图 12-10　脚部导航栏

② 搭建结构。在首页文档 index.html 的 "<footer id="foot-nav"></footer >" 标签中添加导航区块的结构代码，具体代码如下：

```
<footer id="foot-nav">
    <a href="#">杂志订阅</a>
    <a href="#">网站地图</a>
    <a href="#">关于我们</a>
    <a href="#">广告合作</a>
    <a href="#">版权声明</a>
    <a href="#">联系我们</a>
    <a href="#">意见反馈</a>
</footer>
```

③ 设置样式。

(a) 设置导航栏盒子的样式，代码如下：

```
#foot-nav{
    height: 84px;
    line-height: 84px;
    text-align: center;
    background-color: #1f1f1f;
}
```

(b) 设置导航项的样式，代码如下：

```
#foot-nav a {
    color: #999;
    font-size: 14px;
    padding: 15px;
}
```

保存文件，刷新页面，预览效果，完成此首页的制作。

附录　各章基础练习参考答案

第 1 章　网页制作基础

1. 表现　行为
2. XHTML
3. 简单　高效　便捷
4. 插件
5. 跨平台

第 2 章　HTML 入门

1. head
2. body
3. left　center　right
4.   / / 　©　<　>
5. width　height　alt　border　vspace　hspace　align
6. 双　单
7. 否
8. 空格

第 3 章　CSS 入门

1. style
2. <style></style>
3. CSS
4. font-size
5. font-family
6. text-indent
7. font-weight
8. font-style
9. color
10. line-height
11. text-align
12. text-decoration
13. letter-spacing
14. word-spacing
15. "#"　　","　　"."
16. 蓝

第 4 章　盒子模型

1. width　height　background　border　padding　margin

2. border:2px solid red;

3. padding:20px 30px 10px;

4. margin:10px;

5. margin:20px 10px;

6. (宽度=) margin*2 + border*2 + padding*2 + content.width

　　　　　= 20*2 + 1*2 + 10*2 + 200 = 262 px

　(高度=) margin*2 + border*2 + padding*2 + content.height

　　　　　= 20*2 + 1*2 +10*2 + 50 = 112 px

7. background-repeat:repeat-x;

8. background-attachment:fixed;

9. background-position: center center;

10. display:inline;

11. display:none;

12. (1) 对　(2) 对　(3) 错　(4) 错　(5) 错

13. 外阴影

14. background-clip

15. border-box　content-box

16. box-sizing

第 5 章　链接与列表

1. a:link　a:visited　a:hover　a: active

2. self

3. name

4. type="circle"　type="square"

第 6 章　浮动与定位

1. 脱离、不再

2. 脱离、不再

3. 在、仍

4. 相对于最近的已经定位(绝对、固定或相对定位)的父元素

5. 相对于元素本身正常位置

6. 固定定位

7. static　relative　absolute　fixed

8. left　right　top　bottom

9. 定位　居上

10. display:inline;　display:inline-block;　float:left;　float:right;　position:absolute;
position:fixed;

第 7 章　表格与表单

1. table

2. 最大

3. text　password　radio　checkbox　button　submit　file　reset

4. cols　rows

5. phone

6. \<textarea cols="20" rows="5"\> \</textarea\>

7. \<select size="5"\>

　　\<option\>选项 1\</option\>

　　\<option\>选项 2\</option\>

　　\<option\>选项 3\</option\>

　　…

　　\</select\>

8. method、action、name

9. autocomplete

10. type

11. autofocus

12. placeholder

13. required

14. disabled

15. selected ="selected"

16. \<datalist\>

17. min、max、step

第 8 章　CSS3 选择器

1. (1) #top

　(2) .active

　(3) :hover

　(4) E[att^=value]　E[att$=value]　E[att*=value]/ 元素标签名称[属性^=value]
　　　元素标签名称[属性$=value]　元素标签名称[属性*=value]

　(5) :empty

　(6) :root　:root

2. (1) p strong　p>strong

　(2) h3+p

　(3) h3~p

　(4) :nth-of-type(2n)　p:nth-of-type(even)　p:nth-child(odd)

　(5) :nth-of-type(2n+1)　p:nth-of-type(odd)　p:nth-child(even)

　(6) p:nth-child(2)　p:nth-of-type(1)

(7)　p:nth-child(4)　　p:nth-of-type(3)

(8)　p:last-child　　p:last-of-type

(9)　h3:before{

　　　content:url(hirt.png);

　　}

(10)　h3:after{

　　　content: "促销";

　　}

第 9 章　过渡、变形及动画

1.　transition-timing-function

2.　transition-duration

3.　none

4.　scaleX(x)

5.　scale(x, y)

6.　rotate(angel)

7.　translate(x,y)、translateX(x)、translateY(y)

8.　旋转、缩放、移动、倾斜

9.　animation-timing-function

10.　animation-iteration-count

11.　animation-iteration-count:infinite;

12.　animation-delay

13.　animation-duration

14.　animation-play-state

第 10 章　弹性布局

1.　flex-direction: column;

2.　row

3.　align-items: center;

4.　justify-content

5.　align-content

6.　flex-flow

7.　flex-grow

8.　flex-shrink

9.　flex

10.　flex

11.　flex-wrap: nowrap;

12.　order

第 11 章 多媒体与开放平台实用工具的应用

1. controls autoplay loop preload
2. URL
3. Ogg MPEG 4 WebM
4. Ogg MP3 Wav
5. loop
6. autoplay
7. controls

第 12 章 网页布局综合实践

代码优化如下：

```
<!DOCTYPE html>
<html>
<head>
<meta charaset="utf-8" />
<title></title>
<style>
    ul{padding:0;}
    li{list-style:none;float:left;}
    #main{width:400px;
        height:200px;
        margin:0 auto;
        font-family:宋体;
        font-size:14px;
    }
    .item{
        width:160px;
        height:100px;
        margin:13px
    }
    .item p{
        color:blue;
        text-decoration:none;
        cursor:pointer;
        margin-top:-3px;
        background:url(play.png) no-repeat right center;
    }
    img{
```

```
            padding:4px;
            border:1px solid #ccc;
        }
        .line{color:#ccc;}
</style>
</head>
<body>
<div id="main">
    <ul>
        <li class="item">
            <img src="1.png"  />
            <p>桂电校园 <span class="line">-</span><small>教学楼</small></p>
        </li>
        <li class="item">
            <img src="2.png" />
            <p>桂电校园 <span   class="line">-</span><small>足球运动场</small></p>
        </li>
    </ul>
</div>
</body>
</html>
```

参 考 文 献

[1] 传智播客高教产品研发部. 网页设计与制作(HTML ＋ CSS)[M]. 北京：中国铁道出版社，2014.

[2] 黑马程序员. HTML5 ＋ CSS3 网站设计基础教程[M]. 北京：人民邮电出版社，2019.

[3] 黑马程序员. 响应式 Web 开发项目教程(HTML5 ＋ CSS3 ＋ BootStrap)[M]. 北京：人民邮电出版社，2017.